超可愛の多肉&雜貨・33種田園復古風DIY組合盆栽

平野純子

＊本書為2019年出版的《超可愛的多肉╳雜貨・32種田園復古風DIY組合盆栽》，以更廣泛地納入最新資訊與多肉植物圖鑑，進行增修改版，重新編集出版，內容更加豐富精采。

Introduction

挑選可愛的多肉植物，利用日常生活中隨手可得的材料，進行改造＆回收利用，輕輕鬆鬆地完成，小型多肉植物組合盆栽。

庭園桌上擺放多肉植物組合盆栽，隨時都能夠欣賞。從百元雜貨店鋪買回家的素燒盆，進行模版印染與稍微破壞加工，可愛度反而大大提昇了。

胖嘟嘟的葉形、
顏色豐富的葉色等，
都非常可愛迷人，
富有獨特風格的多肉植物。

以雜貨風的手作器皿，
搭配可愛迷人的多肉植物，
最能夠突顯其獨特優雅風采。

空罐、空瓶，
雜貨店商品等…
日常生活中隨手可得的材料，
稍微動手改造後，
成為襯托多肉植物的器皿。

以手作器皿栽培多肉植物，
構成獨一無二、
賞心悅目的組合盆栽，
想不想試試看呢？

日常生活中隨手可得的材料，例如鯖魚、鮪魚罐頭的空罐等，稍微花點心思，就變為適合種植多肉植物的器皿。園藝用品賣場、網路商城、雜貨店等…都買得到價格實惠、色彩豐富的水性壓克力顏料等塗料。

小小的多肉植物組合盆栽，只要擺在日照充足的裝飾棚架上，也會健康地生長。將空瓶回收再加以改造，種入多肉植物構成組合盆栽，就可以擺在喜愛的場所，同時美化居家環境呢！

玄關前、陽台上、店鋪的入口等處⋯
擺上多肉植物組合盆栽，裝飾喜愛的場所。

在陽台上設置棚架，將小型多肉植物組合盆栽有規律地配置，美化環境又增添意趣。組合盆栽大小適中，非常適合擺在任何場所，讓人可隨心所欲地移往喜愛場所，並盡情地欣賞。

Contents

Introduction

挑選可愛的多肉植物
與日常生活中隨手可得的材料
進行改造&回收利用
輕鬆完成小型多肉植物組合盆栽…2

一起輕鬆愉快地展開製作
多肉植物組合盆栽吧！…6

Part 1
基本種植技巧與準備

準備多肉植物用土、苗株…8
基本種植技巧— 1 單頭型…9
基本種植技巧— 2 群生型…10
基本種植技巧— 3 沒有排水孔的容器…11
基本的組合盆栽— 1 種在花盆裡…12
＊ 植入吸水海綿的方法。
基本的組合盆栽— 2
多肉專用黏性培養土（nelsol）…14

Part 2
雜貨店商品大變身！速成作法×14

◆ 花盆的基本改造方法 — 1…16
◆ 花盆的基本改造方法 — 2…17
1 利用烘焙紙，空罐變身美麗花器…18
2 以排水濾網製作小花籃 …20
3 信插製的吊籃組盆…22
4 鍍錫收納盒裡的繪本王國…24
5 以碗盤製作掛飾…26
6 運用木箱製作庭院式盆景…28
7 以筆筒製作迷你容器…30
8 以麻繩或皮繩製作吊掛式組盆…32
9 以速溶水泥作出別緻的箱子…34
10 以鐵製筆盒製作寫有留言的禮物…36
11 味增漏勺搭配麻繩的吊籃…38
12 木製置物盒作出小小的家…40
13 以軟木塞板作鮮花涼鞋…42
14 以酒杯營造迷你盆栽風…44

〔本書使用方法〕
●作品難易度以 ★…非常簡單 ★★…簡單 ★★★…試著作作看 這三個程度來表示。

●種植及栽培時期有規則的植物，皆加註注意事項。
●植物的培育方式，以日本關東平野部以西為準。請配合居住地區進行管理。

Part 3
舊容器與小物改造法×10

1 種在寶特瓶蓋裡…46
2 以空瓶製作玻璃盆景…48
3 在迷你容器進行模版印染…50
4 組盆的角落花園…52
5 舊花盆層疊而成的白色城堡…54
6 以木箱作出精緻的百寶盒…56
7 空罐與寶特瓶蓋的花環.…58
8 鮪魚罐頭作的WELCOME招牌…60
9 麻袋水桶型吊掛式組盆…62
10 空罐的鍋子與平底鍋…64

Part 4
以微型DIY完成更出色的組盆作法×9

1 簡易苔球…68
2 鐵盒標示牌…72
3 以再製空罐栽種「黑法師」…76
4 鮪魚罐頭的小小鳥籠…80
5 一塊木板作的可愛小小家屋…84
6 聖誕節的花圈式桌花…88
7 聖誕節的小小聖誕樹…90
8 聖誕節的迷你餐點…92
9 聖誕節的杯子蛋糕…94

Part 5
推薦製作組合盆栽的多肉植物圖鑑×76

蓮花掌屬・花蔓草屬・擬石蓮花屬…96
厚敦菊屬・瓦松屬・伽藍菜屬…99
青鎖龍属…100
風車草・景天屬…102
風車草・擬石蓮花屬・風車草屬…103
銀波錦屬・景天屬…104
擬石蓮花×景天屬…111
千里光屬…112
吊燈花屬・長生草屬・十二卷屬…113
厚葉草屬・厚葉草×擬石蓮花屬・馬齒莧屬…114

Part 6
製作組盆時的方便小物及用法 多肉植物培育方法

製作組合盆栽的推薦好物…116
簡易DIY的便利好物……118
簡易DIY必備之基本作業要點…119
培育重點與重新整理…122
多肉植物簡易繁殖法…123
多肉植物的生長週期〈春秋型〉…124
多肉植物的生長週期〈夏型〉…125
多肉植物的生長週期〈冬型〉…126
植物圖鑑索引…127

●本書盡量以簡單的DIY作業方式進行。詳細的作業方式及步驟，請就近諮詢賣場人員，或參考DIY的專業書籍。
●本書使用的材料及工具，除部分商品之外，在雜貨店、五金賣場都能購買得到。
●雜貨店商品數量約有10萬件之多，每月皆有新品上市。商品樣式琳琅滿目，但想買的物品，並非隨時都能購買到，或因長期缺貨無法購得，尚請留意。
●商品為未稅價格。

一起輕鬆愉快地展開製作多肉植物組合盆栽吧！

體質強健、相當耐旱的多肉植物體
非常適合搭配手作器皿。
選擇形狀、顏色都漂亮的葉片，
如景天屬等品種，活用其特色，
完成小型多肉植物組合盆栽。
善加利用空罐、空瓶、雜貨店商品，
這些身邊小物，加上一點點的DIY，
一起享受專屬於你的
手作組盆之樂吧！

不論葉色、株姿都
迷人可愛的多肉植物

進行改造&
回收利用的便利工具

Part 1

基本種植技巧與準備

種植多肉植物，
該準備什麼樣的用土呢？
多肉植物該如何種植呢？
一起來學習栽培多肉植物的基礎知識吧！
單獨栽培一種多肉植物也很可愛，
或是，將幾種多肉植物組合搭配在一起，
製作成組合盆栽，不僅簡單、還變化豐富！

多肉植物用土

多肉植物喜愛乾燥的環境，因此栽培用土必須具有良好的排水性與透氣性。

多肉植物用土的基本調配比例

推薦的多肉植物用土調配比例

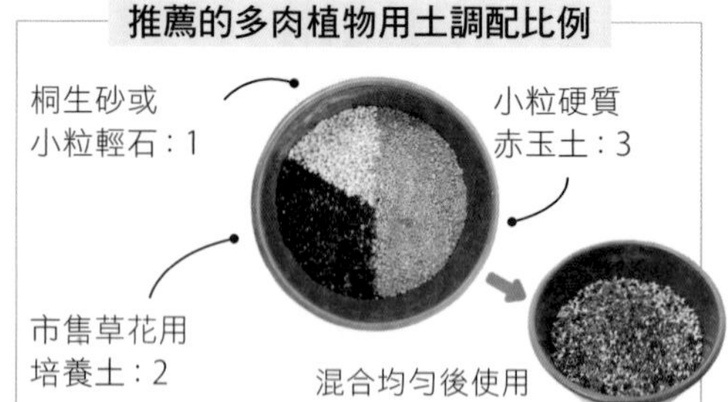

水苔的使用方法

1 將水苔浸泡在水中約30分鐘，確實浸濕水苔。

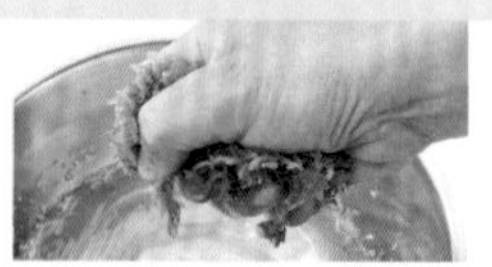

2 待水苔吸足水分後，以手輕輕地擠乾水分。

以水苔取代多肉植物用土

多肉專用黏性培養土的使用方法

加水攪拌就會產生黏性，乾燥後凝固，可植入多肉植物，作成立體盆栽。

吉坂包裝株式会社
https://www.dream-craft.jp/

1 將適量的多肉黏性專用土，倒入鐵盆等容器中，將水慢慢加入。

2 攪拌均勻後，靜置數分鐘，直到專用土吸入水分為止。

3 專用土吸水後，凝固成如耳垂般柔軟度，撥開時出現黏稠狀，即可種植多肉植物。

準備苗株

多肉植物的苗株大小，因種類而不同。
以下介紹組合盆栽時，苗株的前置準備。

各種規格的盆苗。由大至小分別為3號盆・2.5號盆・2號盆・1號盆。

＊1號盆＝直徑約3cm。

準備扦插苗

1 以景天屬多肉植物為例，儘量將莖部保留長一點，以剪刀剪下。

2 扦插前，先摘除枝條下部的幾片葉子，再將枝條插入培養土中。

3 上圖左，準備完成的插穗。摘下的葉子撒在培養土表面，進行繁殖。

盆苗分株

1 以青鎖龍屬、銀波錦屬等多肉植物為例，由育苗盆取出苗株，分開根盆，進行分株。

2 輕輕地去除植株基部的多餘土壤，一株株地分成小株。

基本種植技巧—1

單頭型

擬石蓮花屬、厚葉草屬、
風車草×擬石蓮花屬等…
這類個頭較大的多肉植物，
一個花盆植入一個種類的種植方式。

A 風車草×擬石蓮花屬 格利旺
花盆尺寸／直徑7.5cm・高7.5cm

材料＆工具
花盆（2.5號・直徑7.5cm・高7.5cm）
多肉植物用土・填土器、筷子・盆底網・
澆水壺
苗株：風車草×擬石蓮花屬 格利旺（2號盆）

1 配合盆底大小，裁剪盆底網後，鋪於盆底。盆底網必須大於盆底孔。

2 以填土器倒入深約1/4至1/3的用土。

3 由育苗盆輕輕地取出苗株，手微微地托住根盆的肩部與下側。將根盆部份處理成整體的1/3左右。

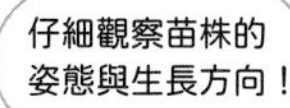

4 一邊觀察美感與生長方向，一邊協調地植入苗株，讓苗株位於花盆中心。

5 以填土器由花盆邊緣倒入用土，一邊填補花盆與苗株之間的空隙，以筷子確實地戳實用土。

6 澆水至盆底孔出水為止。

基本種植技巧—2

群生型

青鎖龍屬、景天屬、銀波錦屬等⋯
這類屬於叢生型多肉植物，一個花盆植入一個種類的種植方式。

A　銀波錦屬 銀之鈴
花盆尺寸／直徑7.5cm・高7.5cm

材料＆工具
花盆（2.5號 直徑7.5cm・高7.5cm）
多肉植物用土・填土器・筷子・盆底網・
鑷子・澆水壺
苗株：銀波錦屬 銀之鈴（2號盆）

1 裁剪一片大於盆底孔的盆底網，並鋪於盆底。以填土器倒入深約1/4至1/3的用土。

2 從育苗盆中輕輕地取出苗株，雙手微微地托住根盆肩部與下側。先將根盆處理成整體的1/3左右後，擺在手掌心，進行分株。

3 連同根一起進行分株之後，如同製作花束一般，輕輕地將苗株彙整成束。

4 將整束苗株置於花盆中心。以填土器由花盆邊緣倒入用土，填補花盆與苗株之間的空隙。

5 苗株太大超出花盆時，以鑷子輕夾基部，調整成相同高度。以筷子確實地戳實用土。

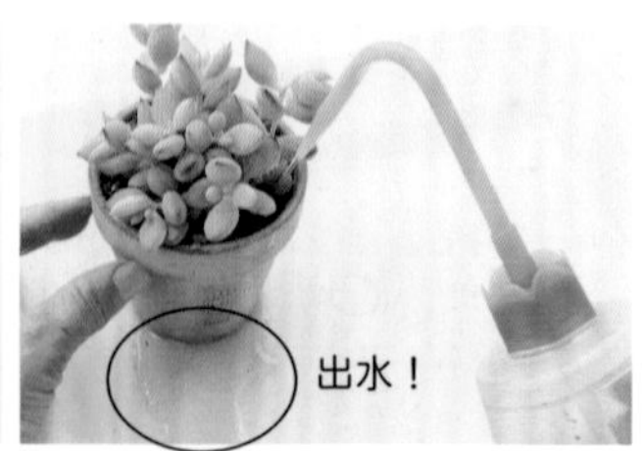

6 澆水至由盆底孔出水為止。

基本種植技巧—3

沒有排水孔的容器

以陶瓷烤杯、馬克杯等，
底部沒有排水孔的容器、
或生活雜貨之類的器皿，
栽培多肉植物的種植方式。

配合根盆的高度，
選用深度適中的容器。

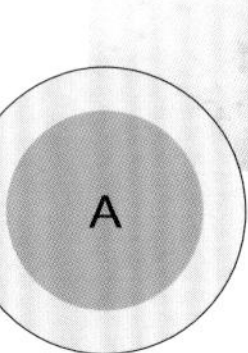

A　擬石蓮花屬 花月夜
容器尺寸／直徑6cm・高4cm

材料＆工具
小陶盅（直徑6cm・高4cm） 多肉植物用土・沸石・填土器・筷子・湯匙・澆水壺

苗株：擬石蓮花屬 花月夜（2號盆）

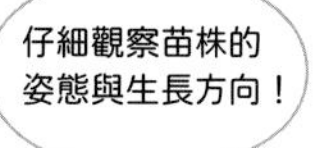

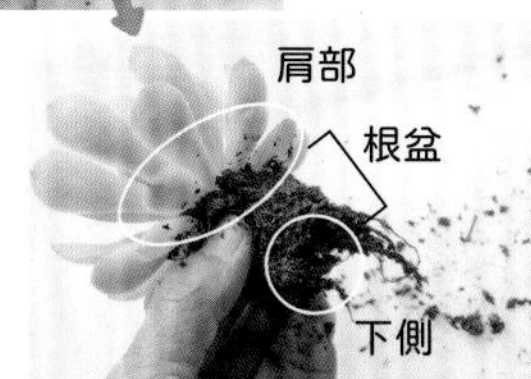

1 以湯匙鋪入約2匙沸石，大致鋪滿容器的底部。

2 從育苗盆中輕輕地取出苗株，手微微地托住根盆的肩部與下側。先將根盆處理成整體的1/3左右。

3 一邊觀察美感與生長方向，一邊協調地植入苗株，讓地上部分位於花盆中心。

4 以填土器由花盆邊緣倒入用土，一邊填補花盆與苗株之間的空隙。

5 以筷子仔細地戳實用土，並補足用土至根盆位置略低於容器邊緣。

6 澆水量以容器深度的1/4至1/3為大致基準，少量澆水，潤濕盆土即可。

基本的組合盆栽—1

種在花盆裡

份量感十足的多肉植物，
植入花盆中央，
從任何方觀賞
都賞心悅目的種植方式。

從任何方向觀賞
都賞心悅目！

材料＆工具

花盆（3號・直徑9cm・高9cm）
多肉植物用土・填土器・筷子・盆底網・鑷子・澆水壺。

苗株：擬石蓮花屬 立方霜（2號盆）
厚葉草×擬石蓮花屬 霜之朝（2號盆）・
擬石蓮花×景天屬 綠焰（2號盆）・
景天屬 大薄雪（3號盆）・
景天屬 三色葉（3號盆）

A　擬石蓮花屬 立方霜
B　厚葉草×擬石蓮花屬 霜之朝
C　擬石蓮花×景天屬 綠焰
D　景天屬 大薄雪
E　景天屬 三色葉
花盆尺寸／直徑9cm 高9cm

1 裁剪一片大於盆底孔的盆底網，並鋪於盆底。以填土器倒入深約1/4至1/3的用土。

適度去除土壤
整理根盆！

2 從育苗盆中輕輕地取出預定植入的苗株，手微微地托住根盆的肩部與下側。將根盆處理成整體的1/3左右。

3 將3棵苗株處理根盆後的樣貌。左起擬石蓮花屬 立方霜・擬石蓮花×景天屬綠焰・厚葉草×擬石蓮花屬霜之朝。

4 連同根部，以單手將3個種類的苗株彙整成束，配置於花盆中央。

5 單手扶住苗株狀態下，另一手拿著填土器，由花盆邊緣倒入用土，填補苗株與花盆之間的空隙。

6 避免花盆裡出現空隙，以筷子確實地戳實用土。

7 補充用土至盆緣的下方約1cm處。

8 景天屬 大薄雪的苗株莖部留長一點，從育苗盆取出，再分成小份。

9 景天屬 三色葉的苗株莖部也留長一點，從育苗盆取出，稍微摘除下葉。

10 以鑷子輕夾步驟**8**的苗株，沿著花盆邊緣，協調地植入在3棵主體植栽的苗株之間。

11 步驟**8**植入苗株後的樣貌。以鑷子輕夾步驟**9**的苗株，依序植入花盆邊緣填補空隙。

12 澆水至盆底孔出水為止。

將苗株植入吸水海綿的方法

將插穗植入插花專用吸水海綿。

1 莖部預留長一點，剪下枝條、摘除下葉，插入乾燥的吸水海綿。

2 植入插穗，以鑷子輕夾莖部下側，插入海綿。植入插穗後10天以上，再澆水讓海綿吸入水分。

基本的組合盆栽─2

多肉專用 黏性培養土（nelsol）

以底部沒有排水孔的空瓶或容器、生活雜貨等…培養多種類多肉植物，製作立體盆栽的種植方式。

材料&工具

空瓶（瓶口直徑4cm・底部直徑6cm・高5cm）
多肉植物用土・沸石・多肉專用黏性培養土
填土器・湯匙・鑷子・澆水壺・拉菲草。

苗株：擬石蓮花×景天屬 馬庫斯・
風車草屬 達摩秋麗・
景天屬 相府蓮・
風車草×景天屬 姬朧月・
景天屬 虹之玉錦・
擬石蓮花×景天屬 White Stonecrop 各1盆

A 擬石蓮花×景天屬 馬庫斯
B 風車草屬 達摩秋麗
C 景天屬 相府蓮
D 風車草×景天屬 姬朧月
E 景天屬 虹之玉錦
F 擬石蓮花×景天屬 White Stonecrop

花盆尺寸／瓶口直徑4cm・
底部直徑6cm・高5cm

1 以湯匙鋪入沸石，大致鋪滿空瓶的底部。

2 以填土器杓取多肉植物用土，倒入在步驟**1**上層，至容器深度的2/3左右，以指腹撫平土壤表面。

3 參考P.8方法，將多「黏性培養土」加水調製後，放在步驟**2**上，以湯匙調整成中央隆起的半圓狀。

4 先將苗株擺在手掌心中，試著配置出理想狀態。相鄰位置儘量配以不同葉色的多肉植物。以鑷子輕夾植株基部，將苗株依序植入步驟**3**中。

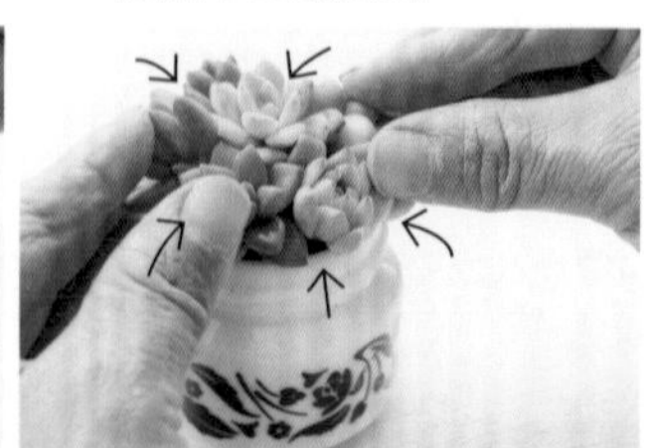

5 將苗株依序植入後，進行調整形狀，完成植株茂盛生長，狀似一座小巨蛋的組合盆栽。

6 以拉菲草繞瓶頸一圈，並以蝴蝶結加以裝飾。完成組合盆栽10天以上，再以少量澆水潤濕盆土。

Part 2

雜貨店商品大變身！速成作法×14

以雜貨店買得到的裝飾小物、
廚房用具、文具等，
再稍微花一點巧思。
搭配簡單DIY，種上多肉植物，
瞬間化身為時尚的組合盆栽。

花盆的基本改造方法—1

從雜貨店買回家的素樸花盆，
利用壓克力顏料進行塗刷後，
以紙膠帶作為裝飾重點，
簡單快速完成時尚氛圍的花盆。

種植技巧請見 P.9

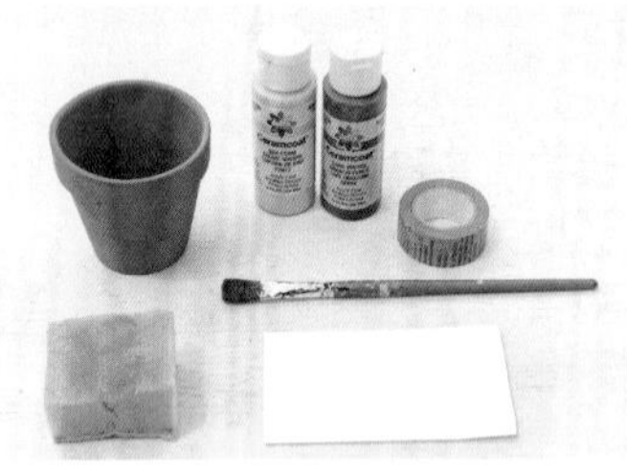

材料&工具

2.5號素燒盆（直徑7.5cm・高7.5cm）
壓克力顏料（水藍色・褐色）・
紙膠帶（有圖案）・
刷子・海綿・牛奶盒

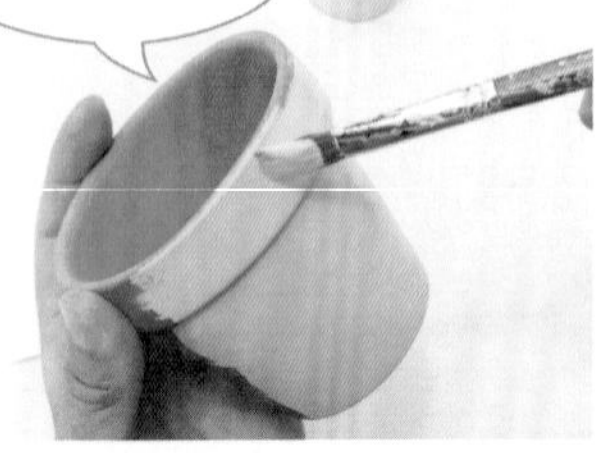

1 將水藍色壓克力顏料倒在牛奶盒紙片上，以刷子塗刷花盆外側與盆緣裡側。

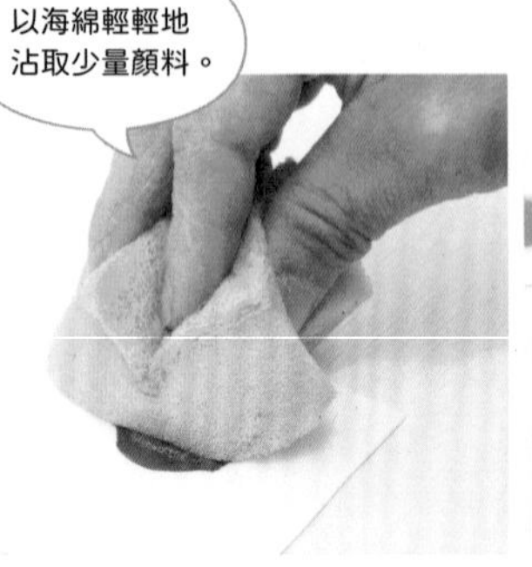

2 將少量褐色壓克力顏料倒在牛奶盒紙片上，以海綿沾取少量顏料。

3 待步驟**1**的顏料乾燥，以步驟**2**海綿，輕拍步驟**1**的盆緣與突出部分，進行仿舊加工。

4 以手撕下紙膠帶長約3cm。

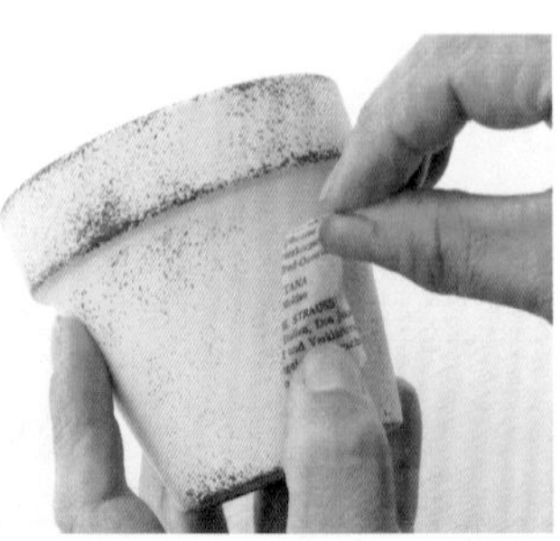

5 將步驟**4**的紙膠帶，黏貼於步驟**3**的花盆上。

壓克力顏料色彩與紙膠帶的組合運用，改造完成十分獨特的花盆。

6 花盆改造後的樣貌！希望壓克力顏料更快速乾透時，使用吹風機最便利。

花盆的基本改造方法—2

雜貨店買回家的素樸花盆，
進行模版印染、印上漂亮圖案，
再以壓克力顏料進行加工，
花盆變得可愛迷人，作法又簡單！

材料&工具

3號素燒盆（直徑9cm・高9cm）
模版印染用紙型・壓克力顏料（乳白色）
PP膠帶（Polypropylene）
模版印染用刷子・海綿・剪刀
美工刀・切割墊・鉛筆・牛奶盒

種植技巧請見 P.12 至 P.13

1 在厚紙上以鉛筆描畫圖案或寫上文字，將希望印染顏色的部分，確實地塗滿顏色。

2 在步驟**1**的圖案上，全面黏上PP膠帶。或黏貼透明膠帶亦可。

3 貼上膠帶後放在切割墊上，以美工刀挖空步驟**2**的塗滿顏色部分，再以剪刀依圖示剪下，作成印染用模版。

4 將乳白色壓克力顏料倒在牛奶盒紙片上，將步驟**3**的印染用模版，依圖示以手輕押固定在花盆側面處，以模版印染用刷由上往下輕拍、進行印染。印上圖案後取下模版。

5 以海綿沾取少量乳白色壓克力顏料，沿著步驟**4**的邊緣進行破壞加工。花盆裡側的盆緣下方約3cm範圍，也進行破壞加工。

6 經過模版印染改造的花盆完成！

recipe 1

利用烘焙紙，空罐變身美麗花器

★…非常簡單

搭配這個雜貨店商品！

印著法文圖文的烘焙紙

自然杏色紙張上印著典雅圖案，具有耐水性的烘焙紙。

彩色麻繩

色彩繽紛的手藝用麻繩。請配合植物葉色使用。

材料&工具　（P.18作品圖・右）

空罐（直徑6.5cm 高8.5cm）
印著法文字的烘焙紙・彩色麻繩・剪刀
鐵釘・鐵鎚・多肉植物用土・填土器・筷子・澆水壺

苗株：擬石蓮花屬 紫蝶

1 以粗鐵釘與鐵鎚，在空罐底部鑽3至5個排水孔。

2 裁剪烘焙紙，長約空罐周長的1.5倍，至少可包覆瓶身一圈以上。

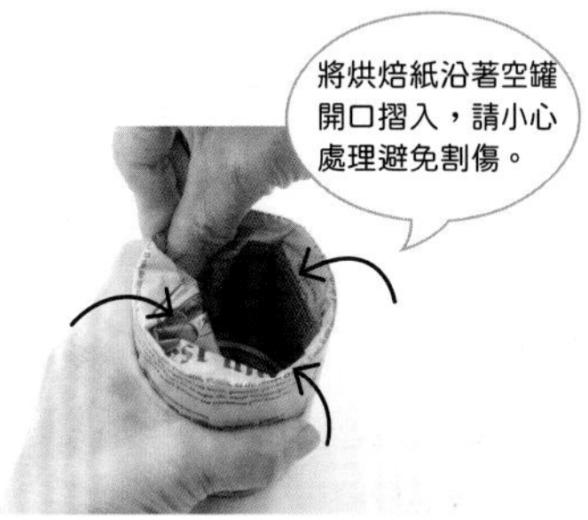

3 沿著空罐開口摺入超出範圍的烘焙紙。

4 以彩色麻繩在步驟**3**的罐身纏繞2圈後，以蝴蝶結固定。

5 將用土以填土器倒入至空罐深度的1/2處。

6 從育苗盆取出紫蝶苗株，適度去除土壤，整理根盆！

7 將步驟**6**的苗株，配置於步驟**5**，將用土以填土器倒入後，以筷子戳實土壤。

8 避免淋濕葉片，小心澆水至盆底孔出水為止。

Memo

種植之後的照護

擺在明亮又通風良好的室外或室內窗邊。若擺放室內，天氣晴朗時移往室外適度地照射陽光。澆水原則為一星期一至兩次，至盆底孔出水為止。

recipe 2

以排水濾網製作小花籃

★…非常簡單

搭配這個雜貨店商品！

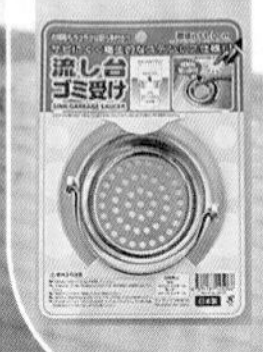

流理台專用
排水口濾網
不鏽鋼製，直徑約10cm，附把手。

景天屬　黃金細葉萬年草

景天屬　乙女心

景天屬　虹之玉

蓮花掌屬　清盛錦

景天屬　黃金萬年草

景天屬　檸檬球

材料＆工具

(P.20作品圖・上)

流理台用排水口濾網（直徑約11cm）・裝飾用植物藤蔓
填縫劑・壓克力顏料（白色・褐色）・刷子
鑷子・海綿・多肉植物用土
填土器・牛奶盒

苗株：景天屬 黃金細葉萬年草・景天屬 乙女心

在裡側及提把，
也均勻地塗上
薄薄的一層。

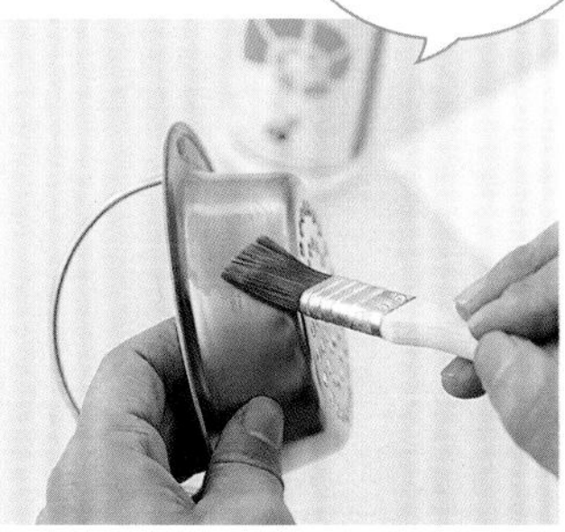

1 使用刷子，將填縫劑均勻地薄塗在流理台用排水濾網上，並確實乾燥。

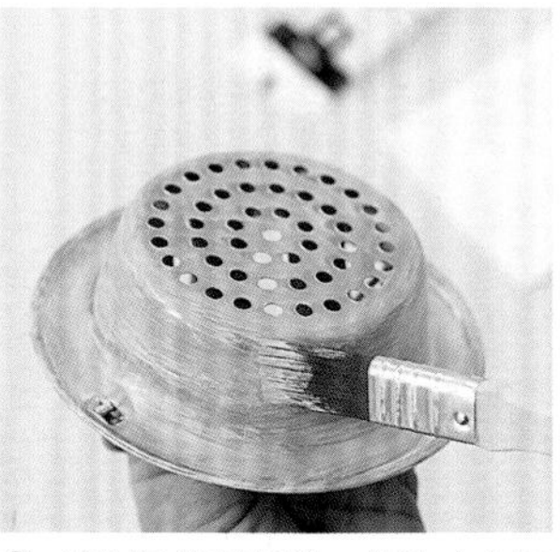

2 將刷子洗乾淨後，沾取白色壓克力顏料，塗刷在步驟**1**表面（裡側與提把）後，靜置待乾。

以海綿沾取顏料後，
先在牛奶盒紙片上調
整顏料的濃淡度！

3 將褐色壓克力顏料擠在牛奶盒紙片上，以海綿沾取後，在步驟**2**的邊緣處輕拍上色。

4 待步驟**3**乾透後，以填土器剷入用土，並撫平表面。

5 種入黃金細葉萬年草作為基底植栽，再插入乙女心作為植栽重點，最後以藤蔓裝飾點綴。

Memo

種植之後的照護

適合擺在日照充足的室外，希望擺在室內欣賞時，則每隔數日移往室外為宜。澆水方式為一星期一至兩次，建議於中午前充足澆水。

recipe 3

信插製的吊籃組盆

★★…簡單

搭配這個雜貨店商品！

鐵絲信插

建議選用黑色或褐色、質輕、附有掛勾的信插。

材料＆工具

鐵絲製信插（21×17cm・厚2cm）
木板（4×7cm・厚1cm）・麻布（17×30cm）
塑膠袋（17×30cm）・壓克力顏料（白色・褐色）
刷子・鑷子・牙籤・U型夾
鋸子・多肉植物用土・填土器・牛奶盒

苗株：景天屬 反曲景天
千里光屬 綠之鈴

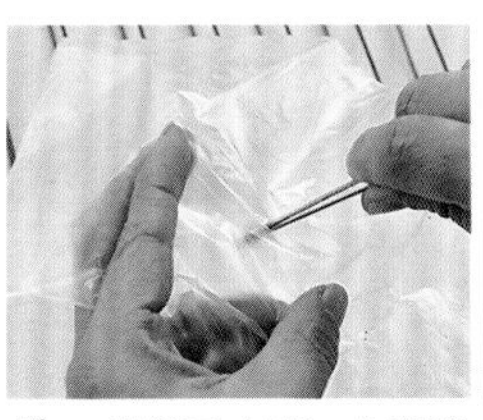

1 以鑷子尖頭，在塑膠袋上面，均勻戳出五至六處小洞。

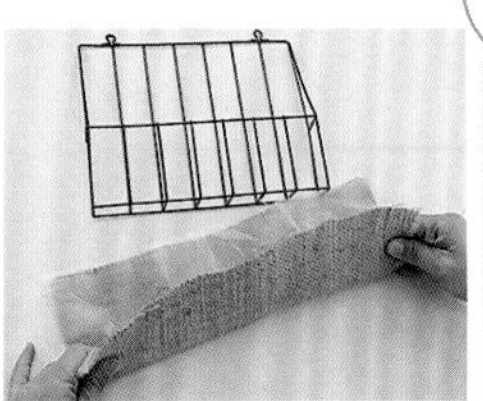

2 將步驟**1**鋪放在麻布上，對摺。

兩端確實往內摺。

3 將步驟**2**左右兩端內摺，插入信插裡，將其在信插中展開。

4 以填土器剷入用土，盛裝至麻布的邊緣後，輕輕按壓用土。

5 以鑷子將千里光屬深植其中，將其均衡配置垂置於側面。

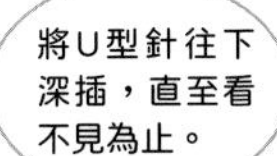

6 使用U型夾，固定千里光屬的三至四處，以防止枝蔓脫落。

7 使用鑷子，在表面種植景天屬，遮住土壤進行裝飾。

先在下面墊上木板，會比較好切。

8 以鋸子將寬4cm的木板鋸為長7cm後，左右鋸除2cm邊角。

9 使用刷子，為步驟**8**全面塗刷褐色壓克力顏料，待乾。將白色的壓克力顏料，倒在牛奶盒紙片上，以牙籤的尖頭，沾取顏料寫字。

10 等步驟**9**的壓克力顏料乾透，將它插在步驟**7**的土壤表面，作為裝飾。

Memo

種植之後的照護

適合養在向陽通風的屋外。給水的部分，大約每週澆一次水，當千里光屬的圓葉出現細摺時，在中午之前給足水分。

recipe 4

鍍錫收納盒裡的繪本王國

★★…簡單

搭配這個雜貨店商品！

鍍錫提把托盤

以室內用品鍍錫托盤作為容器。

千里光屬
綠之鈴錦

景天屬　三色葉

青鎖龍屬
小酒窩錦

景天屬　星美人

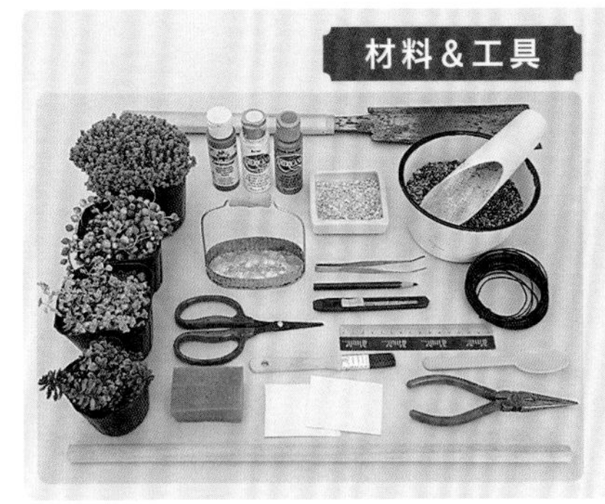

材料＆工具

鍍錫附提把托盤（10.8×6cm・深2cm・高12cm）
木質圓棍（直徑l.5cm・長8cm以上）
園藝鋁線（直徑1mm・長15cm以上）
壓克力顏料（白色・藍色・褐色）・褐色色鉛筆
刷子・海綿・剪刀・鑷子・美工刀・尺
鉗子・鋸子・多肉植物用土
沸石・填土器・湯匙・牛奶盒

苗株：景天屬 星美人・千里光屬 綠之鈴錦
青鎖龍屬 小酒窩錦・三色葉

1 將褐色的壓克力顏料，倒在牛奶盒紙片上，以海綿沾取顏料。

2 使用海綿輕拍鍍錫托盤的金屬部分，進行加工。

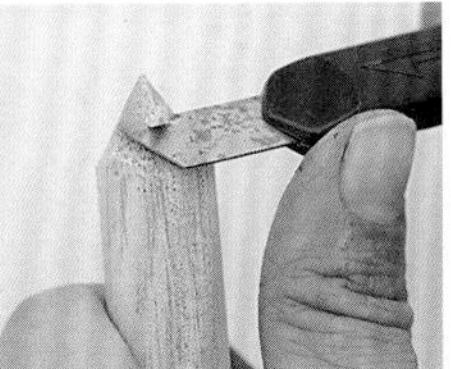

3 使用美工刀，以削鉛筆的方式，將木棒削成圓錐形。

4 完成步驟**3**之後，以色鉛筆在前端5cm處作上記號。

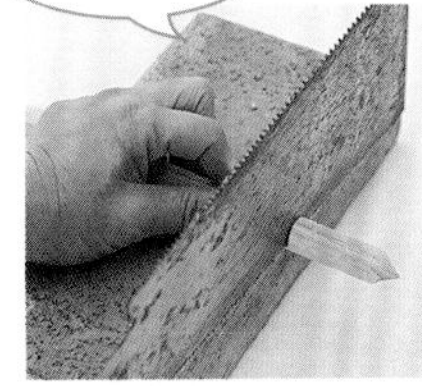

5 以鋸子從步驟**4**記號處鋸開。

6 步驟**3**前緣塗上藍色顏料，下方則塗上白色的壓克力顏料。

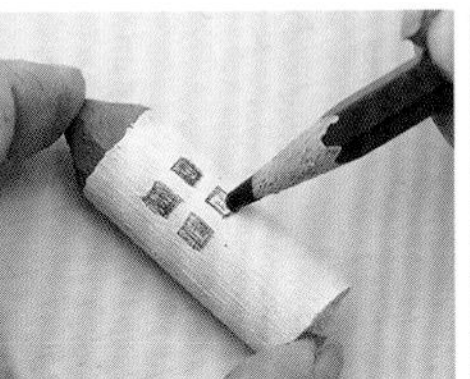

7 等壓克力顏料乾透之後，再以鉛筆描繪出門窗。

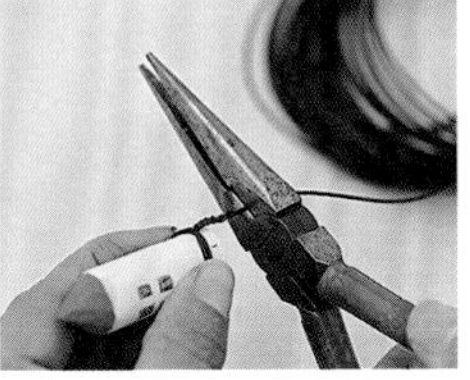

8 在步驟**7**下方以鐵絲纏繞兩圈後，以扭轉固定。尾端保留2cm，以鉗子剪斷。

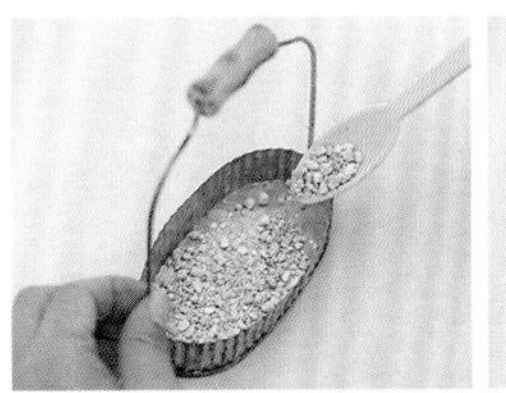

9 等步驟**2**的壓克力顏料乾透，使用湯匙，在底部均勻鋪上沸石。

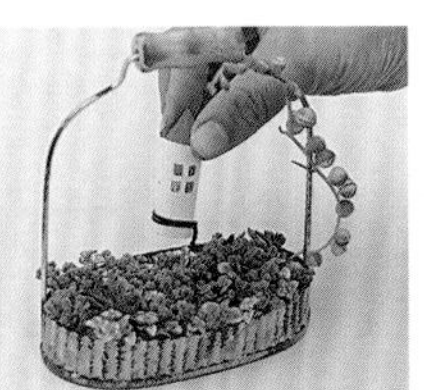

10 倒入用土，以鑷子植入多肉植物，插入步驟**8**的鐵絲，好好妝點家園。

Memo

種植之後的照護

請放在明亮且通風的屋外。若要養在室內，當天氣放晴時，要拿到外面曬曬太陽。每星期一至兩次以噴霧器少量給水，稍加濕潤。

recipe 5

以碗盤製作掛飾

★…非常簡單

材料&工具

（P.26作品圖・中）

迷你素燒盆栽底盤（直徑8cm・深2cm）
壓克力顏料（天藍色・淡紫色）・刷子・剪刀・鑷子
多肉植物用土・High Fresh（粉狀的珪酸鹽白土）
填土器・湯匙・牛奶盒

苗株：景天屬 薄雪萬年草
　　　擬石蓮花屬 特葉玉蝶

1 將天藍與淡紫色的壓克力顏料，倒在牛奶盒紙片上，調製成喜歡的顏色。

2 使用刷子，將步驟**1**粉刷在赤陶托盤上。內側及邊緣也需上色。

3 等步驟**2**乾透，使用湯匙，鋪上一層薄薄的High Fresh。可以換成沸石。

4 使用剷土器，將用土剷入盆中，分量約至盆邊0.5m，以手整平輕壓。

5 從盆中剪下擬石蓮花屬苗株。盡量保留長莖。

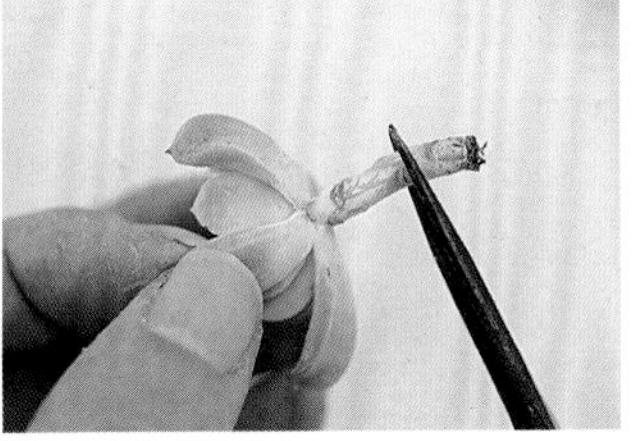

6 將步驟**5**剪下的苗株莖幹，皆剪成約1.5cm長。準備3枝。

7 從景天屬苗株約2cm處修剪，稍加摘取下方葉片，作成插穗。

8 將步驟**6**的苗株植入步驟**4**的中心處，再使用鑷子，將步驟**7**的苗株插植在周圍。

Memo

種植之後的照護

擺放在明亮通風的室外，或養在室內的窗台邊。10天之後開始給水，馬上給水可能傷及植物。之後每星期一至兩次，以噴霧器噴灑濕潤。

recipe 6

以木箱製作庭院式盆景

★★…簡單

搭配這個雜貨店商品！

UNE PLANTE DE JARDIN

收納木箱
將用於室內陳設的人氣木箱，當成容器。

青鎖龍屬 筒葉菊

青鎖龍屬 火祭

景天屬
圓葉景天

welcome

UNE PLANTE DE JARDIN

景天屬
黃金萬年草

材料&工具

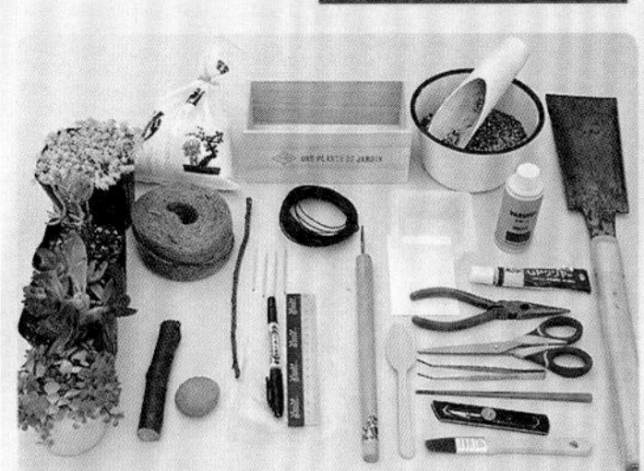

收納木箱（19×9.7cm・深7.5cm）・粗的樹枝（直徑約2cm×約4cm）
細的樹枝直徑0.5cm×25cm）・牙籤4支
小石頭（直徑4至5cm）・塑膠袋（25×35cm）・麻繩30cm長2條
園藝鋁線（直徑1mm×20cm）・木工接著劑
水性清漆（Maple）・刷子・鑷子・美工刀・筷子・湯匙
剪刀・鉗子・鋸子・錐子・尺・油性筆
多肉植物用土・化妝砂・填土器・牛乳盒・豆腐的空盒

苗株：青鎖龍屬 筒葉菊・青鎖龍屬 火祭
景天屬 圓葉景天・景天屬 黃金萬年草

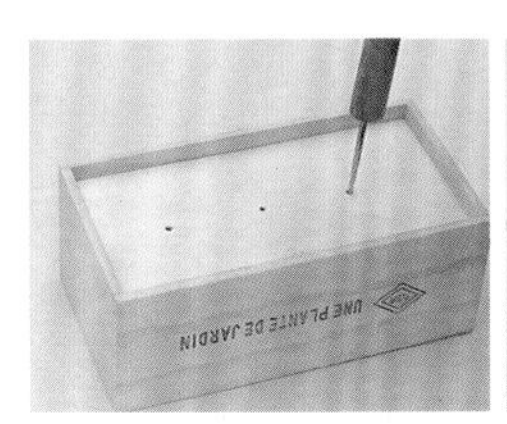

1 以錐子在木箱底部鑽3至5個排水孔。排水孔可以鑽大一點，免得被泥土塞住。

2 在豆腐空盒倒入水性清漆，以刷子為木箱的裡外上色。

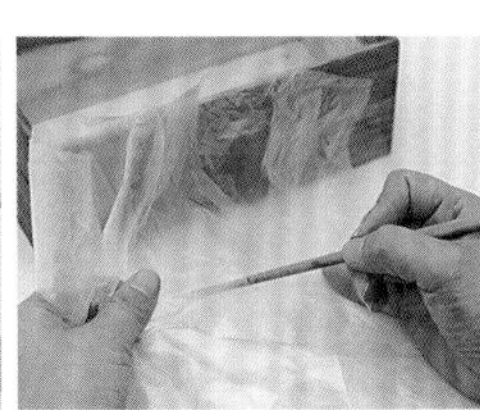

3 以筷子在塑膠袋戳出幾個排水孔，將其鋪入木箱。

4 以填土器將用土剷入塑膠袋上，以筷子輕戳用土，讓填土密實一點。

5 以鑷子深植多肉植物苗株，調整平衡。

6 以湯匙鋪上一層薄薄的化妝砂，蓋住用土。

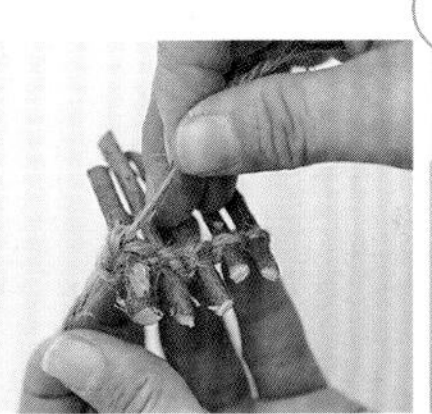

7 將細的樹枝剪成5cm長，下方綁上麻繩，打兩次結，加以連結。

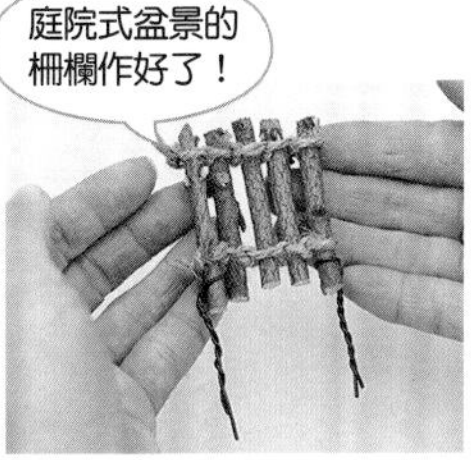

8 上端也綁上麻繩，左右兩側綁上鋁線，並旋緊固定。

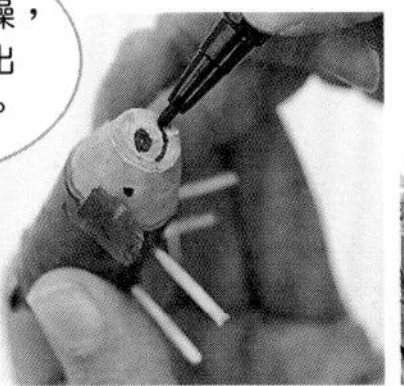

9 以美工刀削粗樹枝，以接著劑黏上木皮、牙籤，作成一隻小狗。

10 使用油性筆在小石頭寫字。將小的石頭布置在步驟**6**，以步驟**8**、步驟**9**作為裝飾。

Memo

種植之後的照護

適合養在明亮通風的戶外。第一次澆水在種植10天後進行。之後大約每星期給水一次。中午前給足水分。

recipe 7

以筆筒製作迷你容器

★…非常簡單

搭配這個雜貨店商品！

筆筒
塑膠製，側面有孔的筆筒。

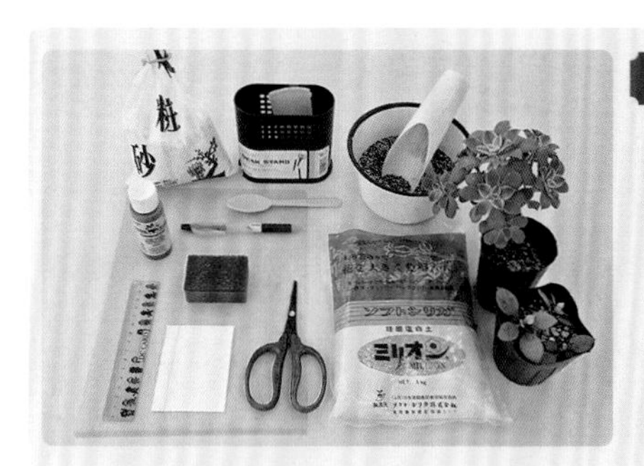

材料＆工具

筆筒（11.5×5cm・高10cm）
薄型透明文件夾（A4尺寸）・壓克力原料（褐色）
油性筆・海綿・剪刀・尺・多肉植物用土
化妝砂・Million（粉狀珪酸鹽白土）
填土器・湯匙・牛奶盒

苗株：蓮花掌屬 夕映・伽藍菜屬 仙人之舞

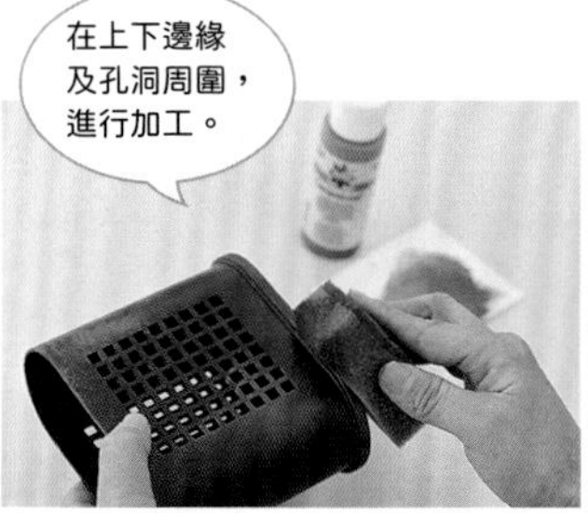

1 將褐色壓克力原料倒在牛奶盒紙片上，取海綿沾上顏料，輕拍筆筒上色。

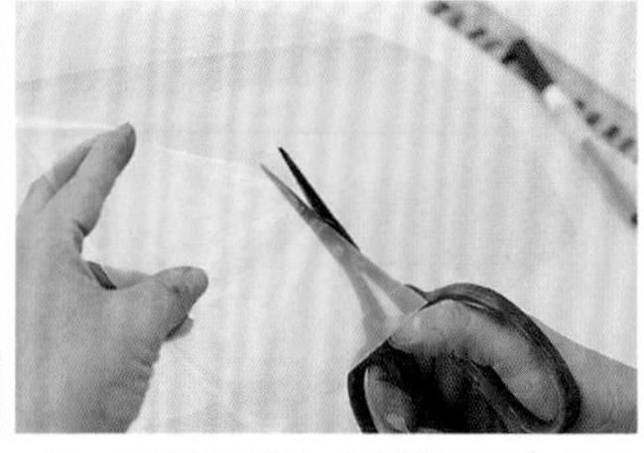

2 以尺及筆在薄型透明文件夾上，畫出9×9cm（足以蓋住側面孔洞的尺寸），以剪刀剪下。

3 等壓克力顏料乾透，以步驟**2**的文件夾，蓋住筆筒內側孔洞，再薄薄地鋪上一層Million。

4 以填土器自邊緣剷入用土，以手整平，輕輕按壓。

5 從盆中剪下兩種苗株。莖幹約保留2.5cm長度後剪下。

6 摘取步驟**5**苗株下方的葉片，莖幹皆剪成約2cm長。

7 將步驟**6**的苗株，插入步驟**4**筆筒前面的孔洞。平均配置苗株，將孔洞遮蓋住。

8 以湯匙鋪上一層化妝砂，覆蓋用土。

Memo

種植之後的照護

養在通風良好的室外，或擺在室內的窗台邊。第一次澆水，在種植10天後進行。如果種植之後馬上澆水，可能會傷及植物，尚請留意。之後每星期一至兩次，以噴霧器濕潤土壤。

recipe 8

以麻繩或皮繩
製作吊掛式組盆

★…非常簡單

搭配這個雜貨店商品！

彩色皮繩
手工藝用的仿麂皮繩，有許多顏色任君挑選。

彩色麻繩
彩色的手工藝用麻繩，請搭配皮繩的顏色。

迷你陶盆
樣式簡單的小型陶盆。

景天屬　新玉綴

千里光屬　綠之鈴

材料&工具 （P.32作品圖．上）

彩色皮繩（100cm）．彩色麻繩（40cm）
迷你陶盆（直徑7.5cm．高7cm）
木珠（穿過麻繩．孔大者）．剪刀
尺．多肉植物用土．填土器．花盆底網．筷子

苗株：景天屬　新玉綴

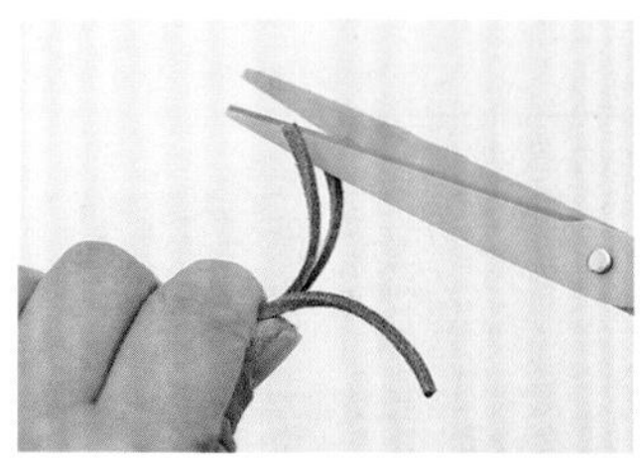

1 以剪刀將100cm彩色皮繩剪成三等份。可以摺成三摺之後剪開。

2 將步驟**1**所剪開的彩色皮繩，單邊尾端打一個結。其他兩條亦同。

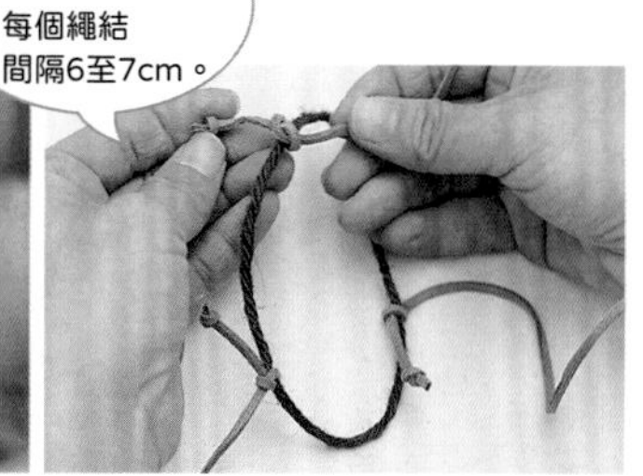

3 將彩色麻繩剪成40cm長，打成一個圈狀，在距步驟**2**皮繩的結目約3cm處與麻繩打一個結。

4 將打好繩結的三條皮繩，其長邊抓在一起，打一個結。

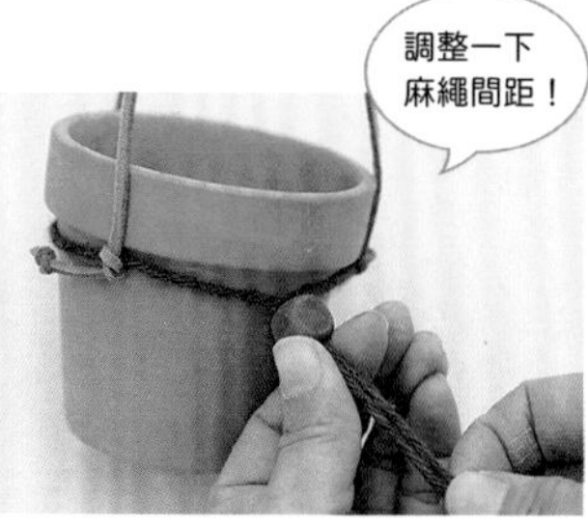

5 在迷你陶盆邊緣下方，套上步驟**3**的麻繩，為兩條麻繩一起穿上木珠。

6 拉緊麻繩，固定陶盆。兩條麻繩打結固定。

7 將陶盆自麻繩圈卸下，鋪入花盆底網，倒入用土，植入幼苗。

8 將麻繩繫在陶盆上，拉起皮繩，將陶盆吊掛起來。

Memo

種植之後的照護

養在明亮通風的戶外，或放在室內窗台邊。若要放在室內觀賞，每週請移至室外數回。每星期澆水一至兩次，若是多肉植物葉片出現細紋，請在中午之前給水。

recipe 9

以速溶水泥製作別緻的盆器

★★★…試著作作看

搭配這個雜貨店商品！

黑板漆
一種便利的水性塗料，塗上塗料會宛如黑板一般。

水泥
只需加水就可以使用，分量也剛剛好！

伽藍菜屬
仙女之舞

厚葉草屬　月美人

馬齒莧屬　雅樂之舞

Thank you!

馬齒莧屬　雅樂之舞

景天屬
斑葉圓葉景天

Hello!

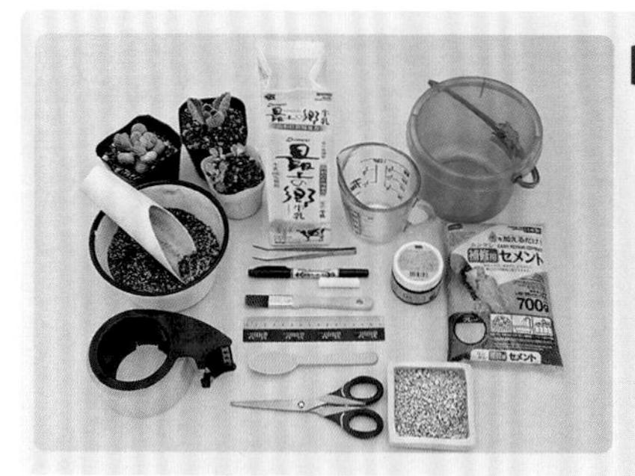

材料&工具　（P.34作品圖・左）

水泥（500g以上）・黑板漆・粉筆・封箱膠帶
油性筆・刷子・剪刀・鑷子・尺・量杯
迷你水桶（攪拌水泥的容器）・多肉植物用土
沸石・填土器・湯匙・1000ml的牛奶盒1個

苗株：厚葉草屬 月美人・伽藍菜屬 仙女之舞
　　　馬莧草屬 雅樂之舞

1 製作模具。在距離牛奶盒底部7.5cm處畫線，以剪刀剪開。

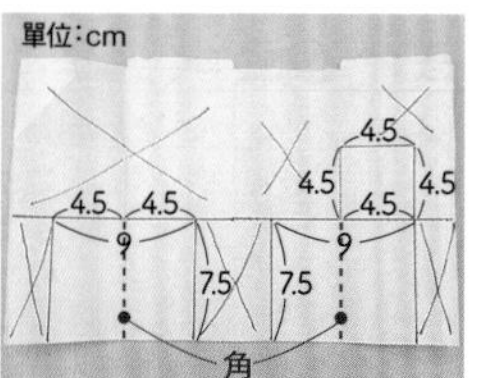

2 剪開步驟**1**上側邊角，下面（含邊角）畫兩個7.5×9cm的長方形，與一個4.5cm的正方形。

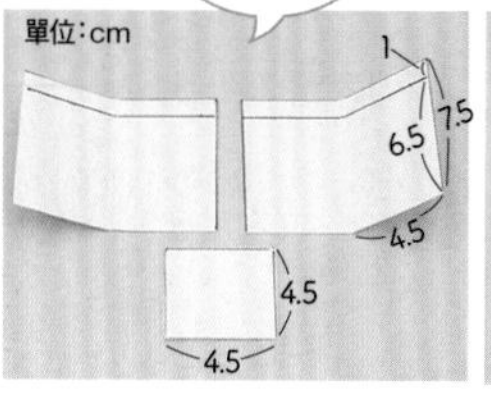

3 以剪刀剪開步驟**2**，在兩張長方形的紙上，畫出寬距1cm的橫線。

4 以封箱膠帶貼合步驟**3**，作出一個單底的直立方體，模具即完成。

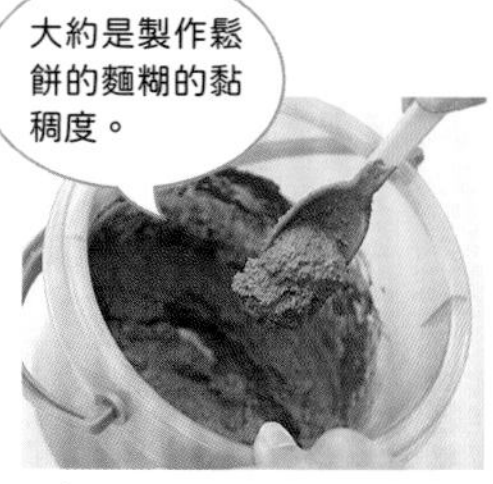

5 在迷你水桶內倒入500g的水泥，加入70㎖的水，以湯匙攪拌均勻。

6 將步驟**5**倒入外側模具後，以湯匙在水泥中輕輕移動，減少氣泡。

7 將內側模具底部朝下，放入步驟**6**中，頂端需露出至少1cm以上，再貼上封箱膠帶加以固定。

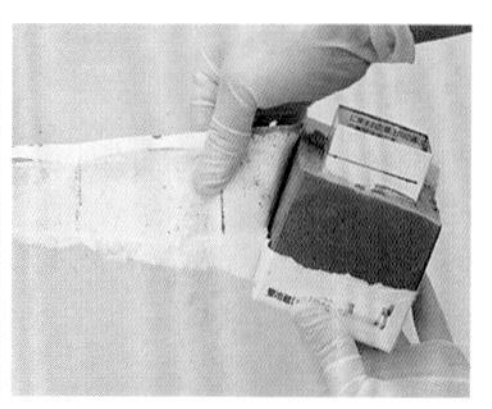

8 靜置於平坦處大約一天，等水泥凝固後，由外模開始，將其裁剪並撕開。

9 使用刷子，取四個側面其中一面，塗上厚厚的黑板漆，待乾。

10 等黑板漆乾透後，使用粉筆在塗面上寫字，花器即完成。

11 在步驟**10**的底部鋪上沸石，倒入用土，以鑷子植入植物。

Memo

種植之後的照護

養在明亮通風的屋外，或放在室內窗台邊。若要放在屋內，記得天氣放晴時，要拿到屋外曬曬太陽。給水的部分，大約每週濕潤土壤一至兩次。

recipe 10

以鐵製筆盒製作寫有留言的禮物

★★…簡單

搭配這個雜貨店商品！

鐵製筆盒
建議以簡單平整的橫長款式製作。

黑板漆
塗上塗料之後，金屬材質也能化身黑板風。

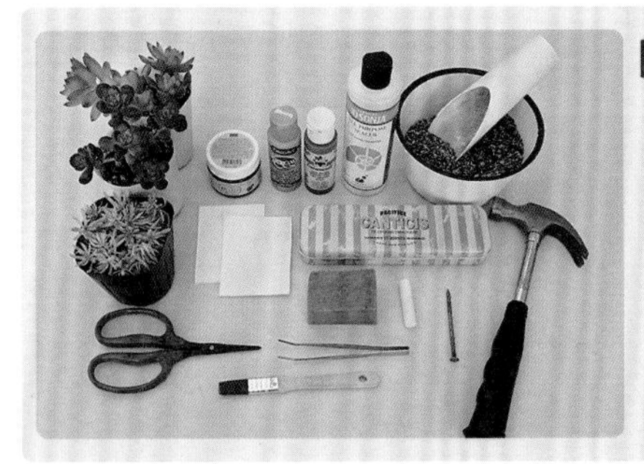

材料&工具

鐵製筆盒（19x5cm・深2.3cm）・黑板漆
填縫劑・壓克力顏料（淺綠・褐色）・粉筆
刷子・海綿・剪刀・鑷子・釘子・鐵鎚
多肉植物用土・填土器・牛奶盒

苗株：景天屬 黃麗・景天屬 松之綠
景天屬 松葉佛甲草

1 使用粗釘與鐵鎚，在鐵製筆盒底部鑽三至五個排水孔。

2 以刷子為步驟**1**刷上填縫劑。除了盒蓋及底側表層之外，盒蓋內側及邊緣也要上漆。

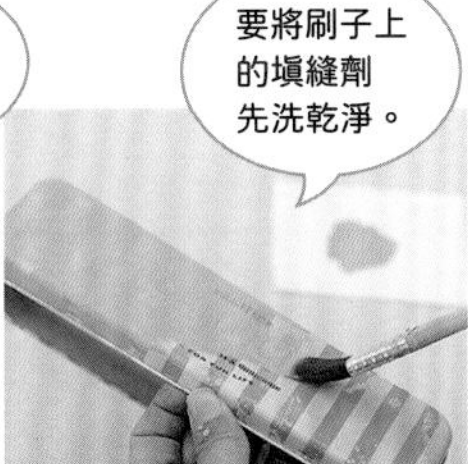

3 待步驟**2**乾透後，將淡綠色壓克力顏料倒在牛奶盒紙片上，除了盒蓋內側之外，都要上色。

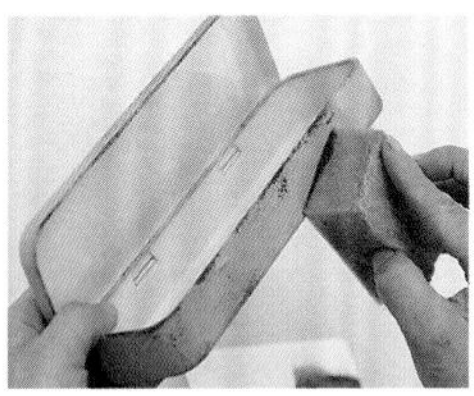

4 等步驟**3**乾燥後，取一個海綿，沾上褐色的壓克力顏料，進行彷舊加工。

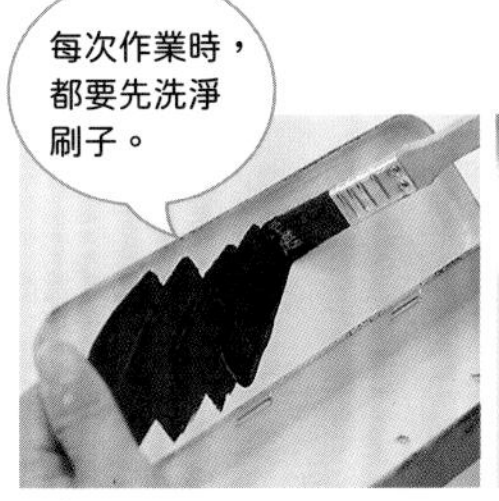

5 在盒蓋內側大致粗略地塗上黑板漆，技巧是讓筆觸看起來略帶粗糙感。

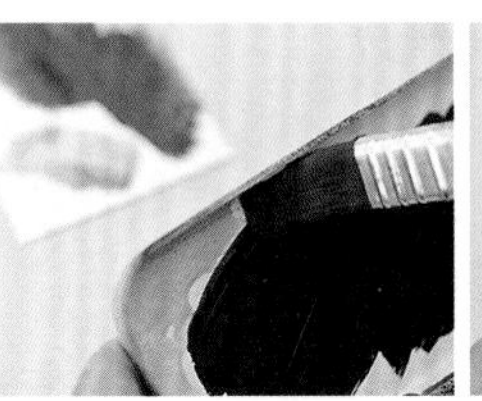

6 等步驟**5**乾燥後，在盒蓋未上黑板漆的部分，塗上薄薄的褐色壓克力顏料。

7 等塗料乾透後，以填土器裝入用土，大約裝至距邊緣下方約1cm處。

8 松之綠與黃麗，保留莖幹約1.5cm，從苗株頂端剪下，作成插穗狀。

9 在步驟**7**的筆盒中，種入松葉佛甲草，再以鑷子植入步驟**8**。

10 使用粉筆，在黑板漆的塗面上寫字。

Memo

種植之後的照護

養在明亮通風的室外，或養在室內的窗台邊。若要放在室內，記得天氣放晴時，要拿到外面曬曬太陽。給水的部分，每週澆水一至兩次，澆至排水孔流水為止。

recipe 11

味噌漏勺搭配麻繩吊籃

★…非常簡單

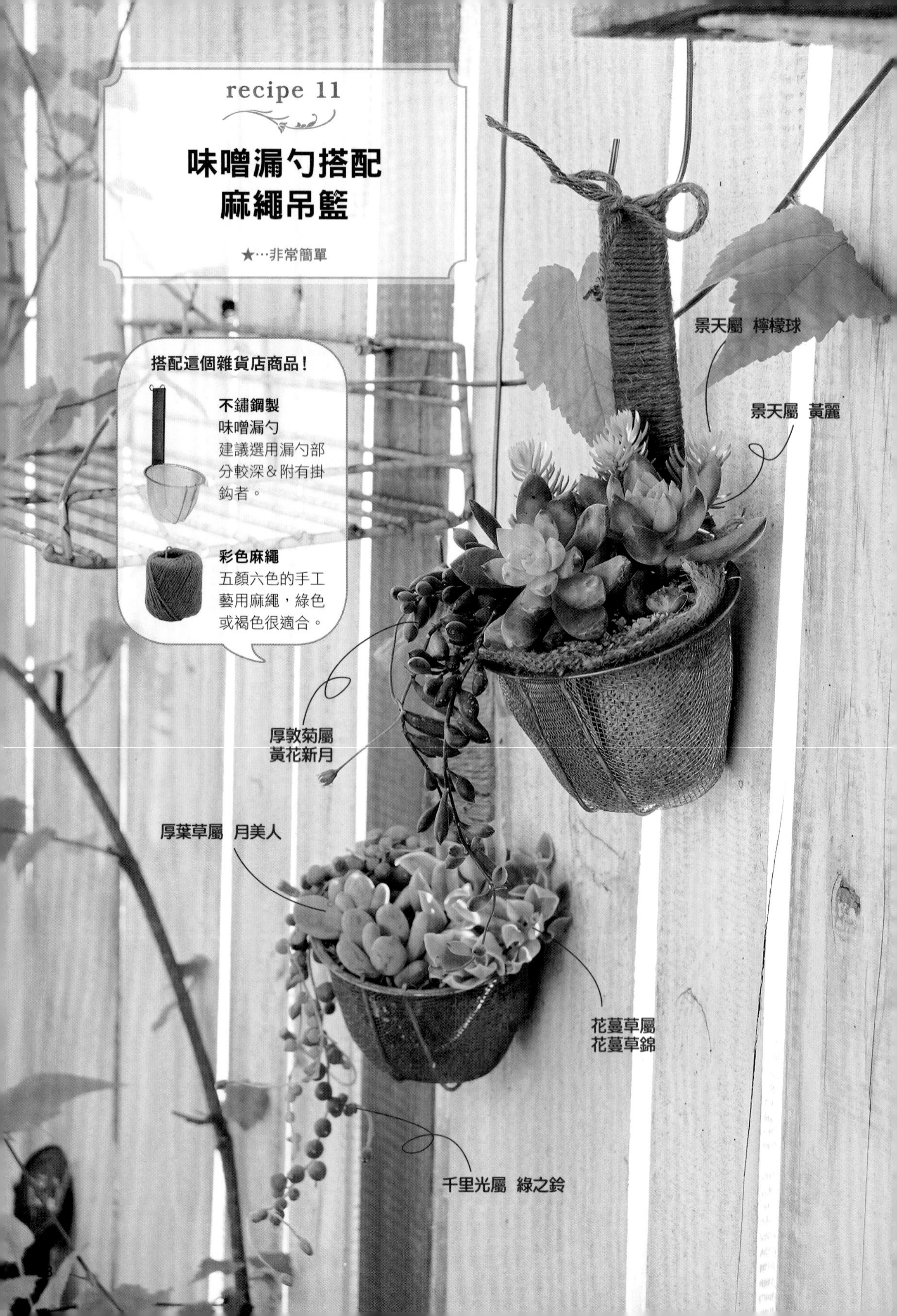

材料&工具 （P.38作品圖・右）

味噌湯用不銹鋼漏勺（直徑10cm・深9cm・高20cm）
彩色麻繩（3.5m以上）・麻布（20x20cm）
塑膠袋（20x20cm）・壓克力顏料（褐色）・海綿
鑷子・筷子・剪刀・多肉植物用土・填土器・牛奶盒

苗株：景天屬 檸檬球・景天屬 黃麗
厚敦菊屬 黃花新月

以膠帶將把手暫時固定住，方便纏繞。

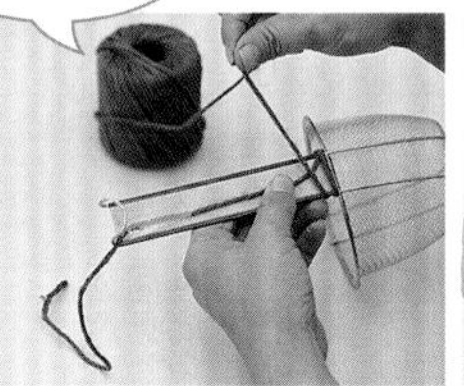

1 先預留15cm麻繩於把手上方後，先從手柄下方與漏勺交界處，開始往上纏繞。

2 以麻繩緊密地纏繞至手柄上方，將手柄部分包覆，再將剩餘的麻繩打結裝飾。

以輕拍方式，為邊緣等部分上色。

3 將褐色的壓克力顏料，倒在牛奶盒紙片上，以海綿沾取顏料，在步驟**2**漏勺的濾網部分上色。

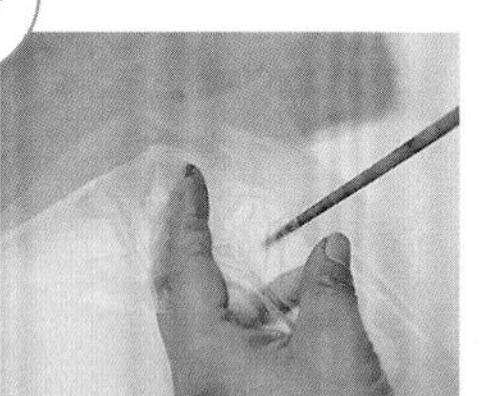

4 使用筷子尖頭，在塑膠袋上戳出五至六個排水孔。

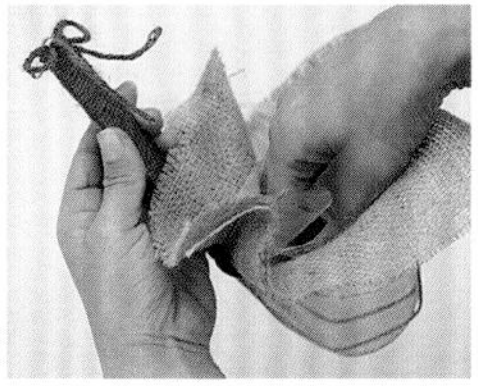

5 將步驟**4**的塑膠袋疊在麻布上，放入步驟**3**的漏勺內後展開。

吊掛在鉤子上面，方便種植。

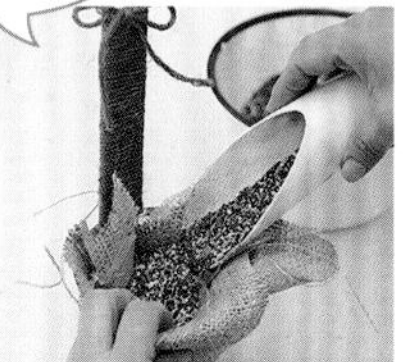

6 使用填土器，將用土剷入漏勺裡。以筷子戳一戳，鬆開土壤間的空隙。

7 使用剪刀，修剪突出的麻布及塑膠袋。

8 在步驟**7**種入黃麗，作為重點植栽。

9 以鑷子植入檸檬球，種入厚敦菊屬，並讓它垂掛於前側。

10 以筷子輔助，戳一戳苗株的根部，使填土密實一點。

Memo

種植之後的照護

適合養在明亮、通風良好的室外。大約每星期澆水一次，上午給足水分。如果植株乾涸，可將它連同容器一起泡在水裡，大約30分鐘。

recipe 12

以木製置物盒作出小小的家

★★…簡單

搭配這個雜貨店商品！

木製置物盒
樣式簡單的木製置物盒，用於收納或室內裝飾。

木條
手工用的木條，雜貨店也買得到。

材料&工具

木製置物盒（15x8.5cm・高13.5cm）・木條（寬2.4cmx厚0.5cm・長15cm以上）・丹寧布（15x5cm以上）・橡皮擦 2個・塑膠袋（20x26cm 1張・12x10cm 2張）・紙型（厚紙板15x3cm）・木工接著劑・壓克力顏料（白色・天藍色）・鉛筆・刷子・鑷子・美工刀・筷子・剪刀・鋸子・錐子・多肉植物用土・填土器・牛奶盒

苗株：景天屬 姬星美人・景天屬 黃金萬年草
長生草屬 姬牡丹・景天屬 斑葉圓葉景天

1 以鋸子將木條鋸成15cm長。墊上磚塊或角材作業，比較方便。

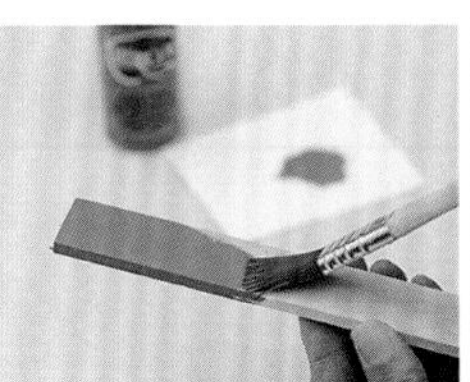

2 將天藍色壓克力顏料，倒在牛奶盒紙片上，以刷子將顏料塗在步驟**1**，待乾。

保留1cm邊距！

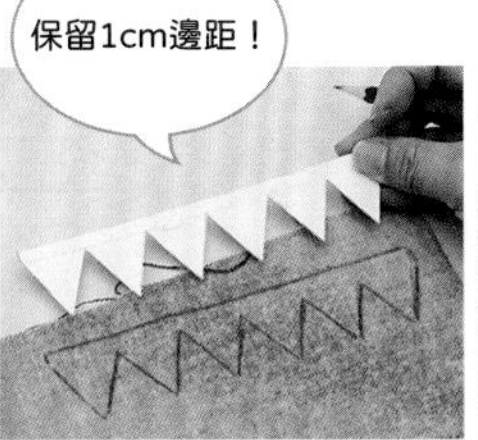

3 取厚紙板，裁剪成太陽的形狀。以鉛筆在布料上描出形狀，以剪刀加以裁剪。

4 將步驟**3**以木工接著劑，貼在步驟**2**木條的側邊，固定之前請勿移動。

開心地在窗戶與門的部分，蓋上橡皮擦印章！

5 將橡皮擦以美工刀，切成寬1cm方塊及門的形狀，沾取白色壓克力顏料，蓋上圖案。

6 待壓克力顏料乾燥後，以錐子在步驟**5**置物盒的底部鑽五至六個排水孔。

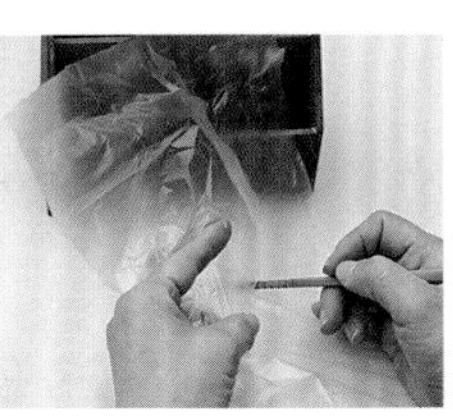

7 將塑膠袋攤開，以筷子尖頭戳出幾個排水孔，配合步驟**6**的大小加以裁剪，鋪入。

8 將用土以填土器仔細地劏入塑膠袋內，以筷子戳一戳用土，使填土密實。

9 均衡地植入多肉植物，再以筷子戳戳用土，使填土密實。

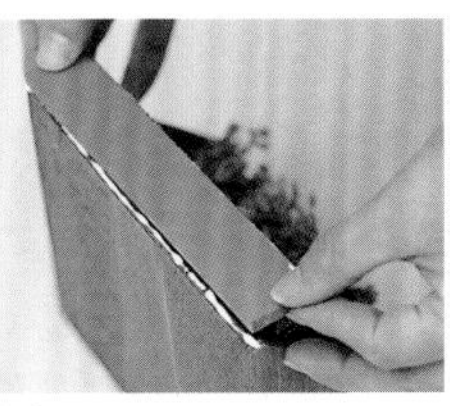

10 使用木工用接着劑，將步驟**4**木條黏貼在步驟**9**置物盒上。固定之前勿移動。

Memo

種植之後的照護

最適合養在明亮通風的室外。第一次澆水，在種植10天後進行。之後大約每星期澆水一次，在中午前給足水分。

recipe 13

以軟木塞板作鮮花涼鞋

★★★…試著作作看

搭配這個雜貨店商品！

軟木塞板

受歡迎的軟木塞板，可供室內裝飾或工作之用。

材料&工具

軟木塞板（45x30cm・厚 0.5cm）
透明塑膠軟管（直徑0.8cm ・長26cm以上）
厚紙板（約15x7cm的腳型）1張
園藝鋁線（直徑0.9mm・長25cm以上）
剪刀・鑷子・美工刀・尺・筆・錐子・水苔

苗株：青鎖龍屬 小酒窩錦・景天屬 圓葉景天
　　　景天屬 銳葉景天・青鎖龍屬 雨心錦

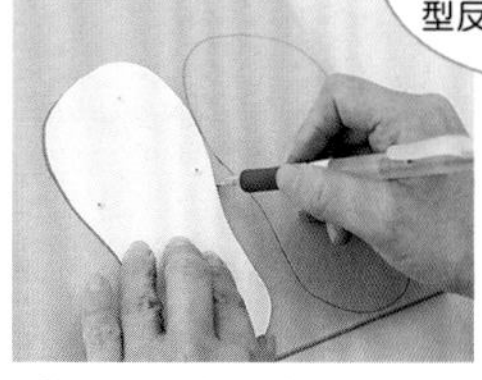

1 在軟木塞板的反面，以筆依照紙型描繪。將紙型反過來，畫出兩雙腳的部分。

涼鞋帶的位置為左右對稱，將紙型反過來使用！

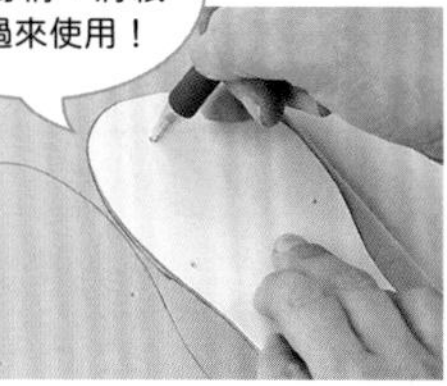

2 先在紙型涼鞋帶的位置打孔，再以筆作記號在軟木塞板上。

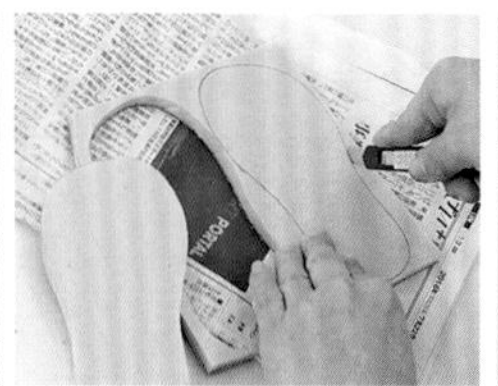

3 鋪上報紙，以美工刀沿線條裁開，製作涼鞋的底面。

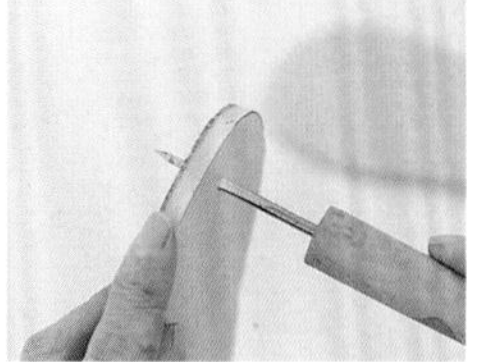

4 步驟**3**完成後，在步驟**2**的六個涼鞋帶記號處，以錐子進行鑽孔。

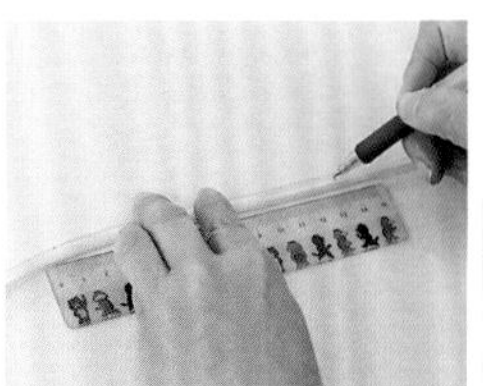

5 裁剪透明塑膠軟管，長度13cm、共兩條備用。

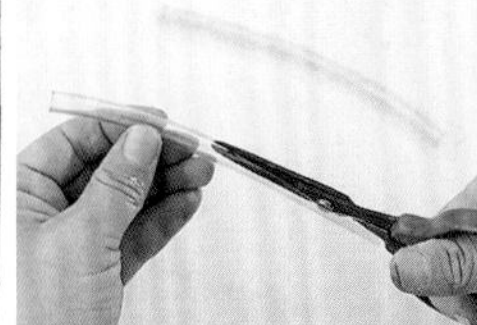

6 以剪刀將兩條透明塑膠軟管剪開。

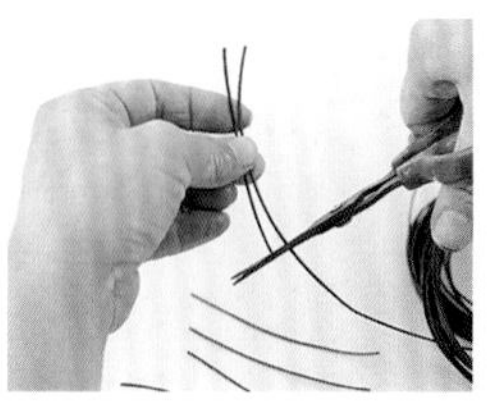

7 裁剪鐵絲，長度4cm、共六條備用。

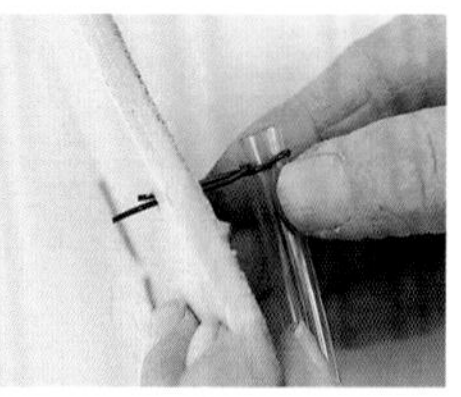

8 在步驟**6**的一端捲上鐵絲，扭轉固定。將兩條鐵絲對齊，一起插入涼鞋帶孔。

將鐵絲拉開與鞋底水平！

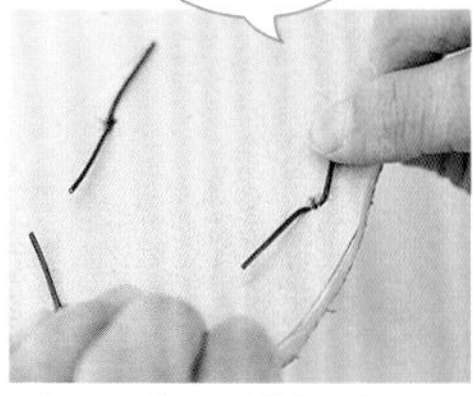

9 從鞋底側鐵絲拉開，固定塑膠軟管。另外兩處的涼鞋帶孔，也依相同方法操作。

10 剪開塑膠軟管並拉開，將以水苔包覆的苗株使用鑷子植入。

種植技巧請見 P.117

Memo

種植之後的照護

養在明亮通風的室外，或室內的窗台邊。如果要養在室內，天氣放晴時，要記得拿到外面曬曬太陽。給水的部分，以注水管給水，每星期一至兩次。

recipe 14

以酒杯營造迷你盆栽風

★…非常簡單

青鎖龍屬 銀箭

景天屬
針葉萬年草

Memo

種植之後的照護

要養在明亮通風的室外，或擺在室內的窗邊。若要養在室內，晴天時要記得放在戶外曬曬太陽。給水的部分，大約每星期濕潤土壤一至兩次。給水過度恐有傷及植株之虞。

搭配這個雜貨店商品！

酒杯
建議選用大的酒杯，不要小酒杯。

材料&工具

酒杯（直徑6cm・深4cm）
鑷子・多肉植物用土
化妝砂・沸石
填土器・湯匙

苗株：青鎖龍屬 銀箭
景天屬 針葉萬年草

1 在酒杯底以湯匙舀入約兩勺的沸石。

2 以填土器剷入用土，分量大約至距杯緣下約1cm處。

3 從盆中拔出青鎖龍屬苗株，將其植入杯中。植入景天屬，種植面積約佔表層一半。

4 在未種植景天屬的部分，以湯匙均勻舖上化妝砂。

Part 3

舊容器 & 小物 改造法×10

找一些舊碗、空罐、
寶特瓶蓋之類的舊器皿，
利用簡單的DIY，
一起試試
將它改造成盆器吧！
作出適合多肉植物的家，
完工的作品，保證讓人耳目一新！

recipe 1
種在
寶特瓶蓋裡
★…非常簡單
要改造的是這個！
寶特瓶蓋
尺寸大小若是齊全，成品將會很漂亮。
魚糕板
以刷子等工具先清洗乾淨，晾乾後使用。
搭配這個雜貨店商品！
彩色麻繩　手工藝用的麻繩，有各種顏色可供選擇，可配合植物葉色。
景天屬　圓葉景天
擬石蓮花屬　女雛
景天屬
針葉萬年草
景天屬　虹之玉
景天屬
黃金萬年草
擬石蓮花屬　女雛
景天屬
白花小松
景天屬
白花小松

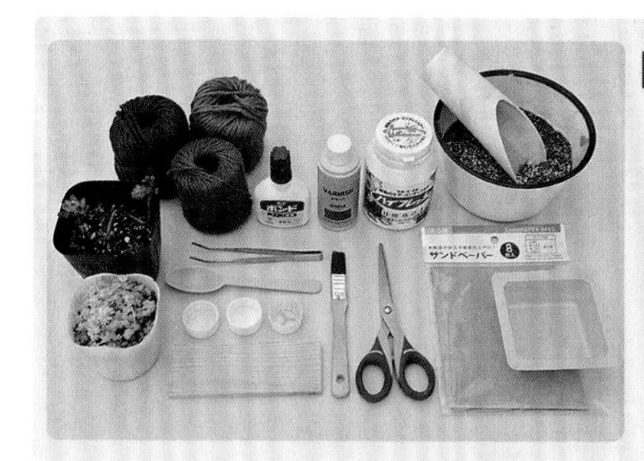

材料＆工具　（P.46作品圖・木板上中間）

寶特瓶蓋 3個・日本魚糕下的木板（一般木板可）
彩色麻繩1m以上3條・打磨砂紙
木工接著劑・水性清漆（Maple）・刷子・鑷子
湯匙・剪刀・多肉植物用土・
High Fresh（粉狀的珪酸鹽白土）・填土器・豆腐空盒

苗株：景天屬 虹之玉・景天屬 黃金萬年草

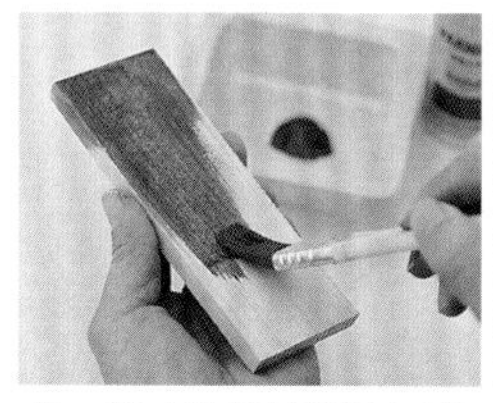

1 將水性清漆倒入豆腐空盒，以刷子沾取清漆，塗刷整片木板。

斑駁的感覺，耐人尋味！

2 待步驟**1**乾燥後，以砂紙打磨，呈現使用過的感覺。

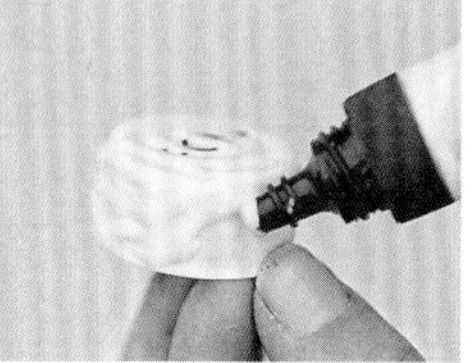

3 將接著劑直接塗抹在瓶蓋的表面，並使其稍微乾燥。

4 在步驟**3**瓶蓋的平坦面的中心處開始，以麻繩由內往外，將瓶蓋的外側纏繞包裹。

麻繩的尾端，以接著劑黏貼在瓶蓋的內側後，加以固定！

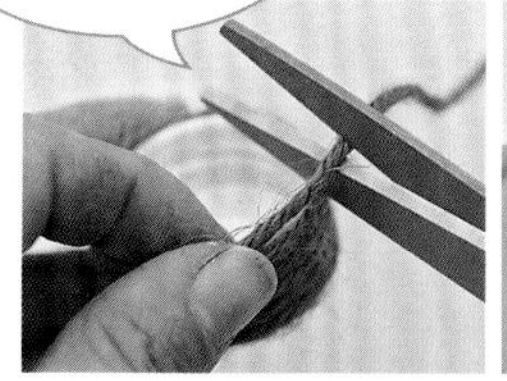

5 以麻繩纏繞瓶蓋，至覆蓋住邊緣為止，以剪刀剪斷麻繩。

6 待接著劑乾燥後，在步驟**5**的底部，倒入一小匙的High Fresh。

7 將用土以填土器剷入步驟**6**中，分量約至瓶蓋邊緣，再以手指輕加按壓撫平。

8 虹之玉保留長1.5cm的莖幹，以剪刀剪下、摘去下方葉片，插入步驟**7**瓶蓋中。

9 使用鑷子，將黃金萬年草種在外圍，調整整體比例。

10 其餘兩個寶特瓶蓋，依相同方式處理後，再以接著劑黏在步驟**2**的木板上。

Memo

種植之後的照護

請擺在明亮通風的戶外，或養在室內的窗台邊。種植之後第一次給水，需逾10天後進行。之後每星期約一至兩次，使用噴霧器潤濕土壤。

recipe 2

以空瓶製作玻璃盆景

★…非常簡單

搭配這個雜貨店商品！

紙膠帶
剪開可以當成貼紙的類型。

緞帶
咖啡店風，細緻自然的款式。

要改造的是這個！

空瓶
果醬等玻璃空瓶，建議選用直徑5cm以上者。

十二卷屬 寶草

十二卷屬 十二之卷

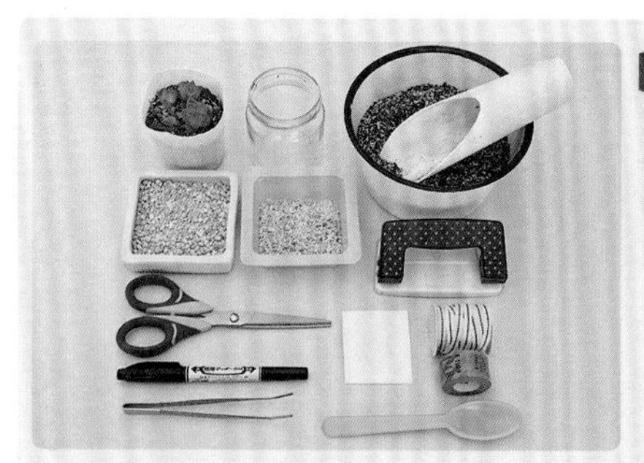

材料＆工具　（P.48作品圖・左）

空瓶（6cm×高7.5cm）・緞帶（50cm以上）
紙膠帶・厚紙板・油性筆・剪刀
鑷子・打孔機・多肉植物用土
化妝砂・沸石・填土器・湯匙

苗株：十二卷屬 寶草

1 將空瓶洗淨後晾乾，以湯匙舀入四至五匙的沸石。

2 使用填土器，在步驟**1**裡倒入深約2cm的用土。小心倒入，就不致弄髒瓶身。

3 從盆中拔出苗株，使用鑷子，小心地植入步驟**2**的用土。

4 以湯匙在步驟**3**的表層，薄薄地鋪上一層化妝砂。

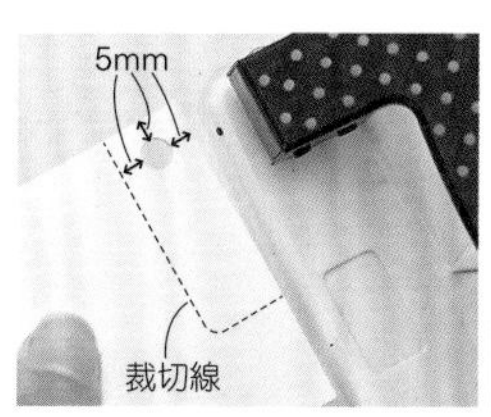

5 在厚紙板上，以打孔機打孔。依圖示，距離邊角保留約5mm。

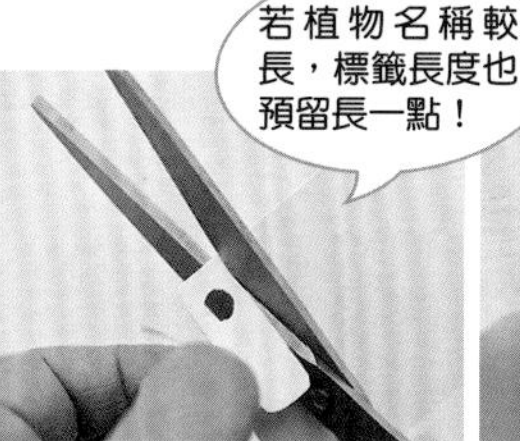

6 以剪刀，依照步驟**5**的裁切線剪下，製作標籤。可依喜好調整。

7 在步驟**6**上，以油性筆寫上植物的名稱或留言。若是水性筆易暈開，尚請留意。

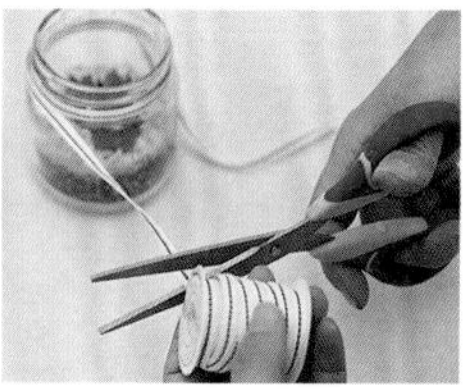

8 在步驟**4**的瓶身上，以緞帶圍繞兩圈，並預留蝴蝶結的長度後剪斷。

9 在玻璃瓶口打個結，穿上步驟**7**的標籤後，再打一個結。

10 以剪刀剪一小截紙膠帶，貼在玻璃瓶下緣，確認黏貼位置不致遮擋植物。

Memo

種植之後的照護

養在通風良好的室外半日照處，或養在室內的窗台邊。若要擺在室內，需不時將之移至通風的室外半日照處。給水的部分，每隔一至兩個星期，以噴霧器濕潤土壤一次。

recipe 3

在迷你容器進行模版印染

★★…簡單

搭配這個雜貨店商品！

壓克力顏料
顏料乾透便具耐水性，也可用於不銹鋼製品。

要改造的是這個！

迷你陶盆
2.5號的極簡陶盆，請選用盆身表面平整者。

景天屬 春萌

風車草屬 朧月

景天屬
姬星美人

長生草屬 上海玫瑰

景天屬
黃金萬年草

景天屬 銳葉景天

NO.1

NO.2

NO.3

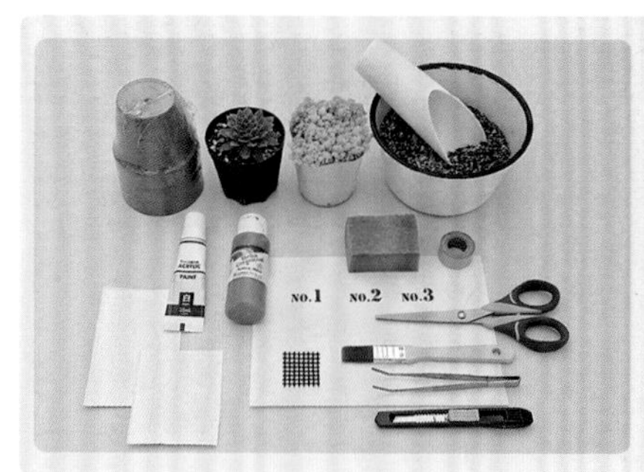

材料＆工具 （P.50作品圖・左）

迷你陶盆（直徑7.5cmx高7cm）
版面模子用厚紙板・壓克力顏料（白色・藍色）
紙膠帶・刷子・海綿・鑷子・剪刀
美工刀・多肉植物用土・填土器・花盆底網・牛奶盒

苗株：長生草屬 上海玫瑰
　　　景天屬 黃金萬年草

盆緣內側也要塗刷約3cm！

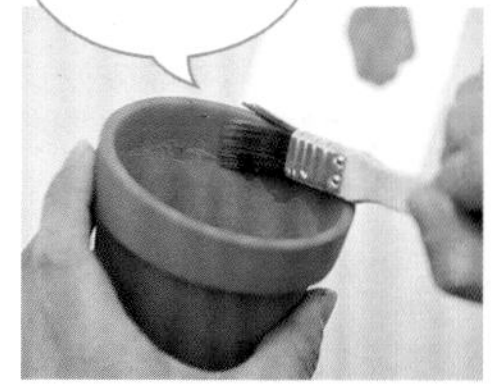

1 將藍色的壓克力顏料倒在牛奶盒紙片上，以刷子為陶盆外側及盆緣上色。

2 將數字或文字印在厚紙板上，以美工刀挖空紙板，作成印染模版。

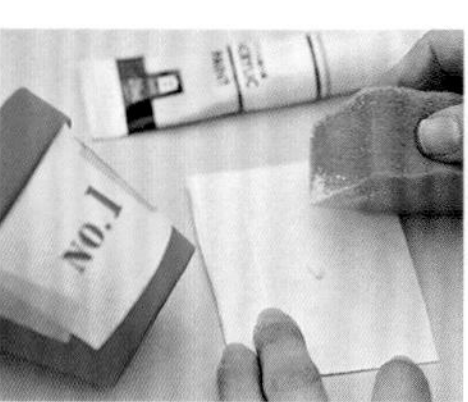

3 將步驟**2**模版，以紙膠帶暫時性地貼在已乾燥的步驟**1**上。將白色的壓克力顏料，倒在牛奶盒紙片上。

4 以海綿沾取白色克壓克力顏料，由上往下輕拍，進行模版印染。

5 使用海綿，沾取些許白色壓克力顏料，在陶盆邊緣進行破壞加工。

使用吹風機，可幫助乾燥！

6 待步驟**4**及步驟**5**都乾燥後，撕下暫時固定用的紙膠帶。

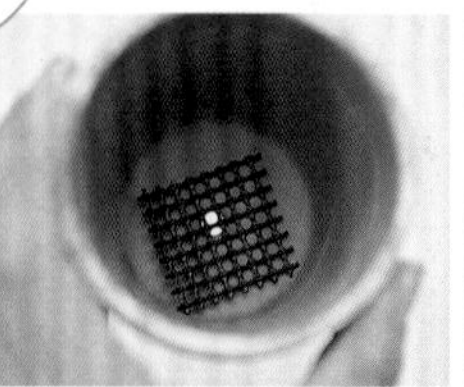

7 在步驟**6**盆底排水孔上，鋪上花盆底網。依照底孔大小，以剪刀裁剪底網。

8 使用填土器劃入用土。用土深度約為盆緣下約1cm處，整平用土表面。

9 在盆的中心處，種植長生草屬，在周圍以鑷子種植景天屬，最後補足用土。

種植技巧請見 P.12 至 P.13

Memo

種植之後的照護

適合放在明亮通風的室外。春秋兩季，大約每星期給水一次，當景天屬的葉片變細萎謝時，在中午前充分給水。夏季及冬季需節制給水。

recipe 4

集合組盆的角落花園

★…非常簡單

材料&工具 （P.52作品圖・前列中間）

3號陶盆（直徑9cm×高8.3cm）
壓克力顏料（白色・藍色）・刷子・鐵盒的蓋子
海綿・剪刀・多肉植物用土
填土器・花盆底網・牛奶盒

苗株：風車草×擬石蓮花屬 黛比

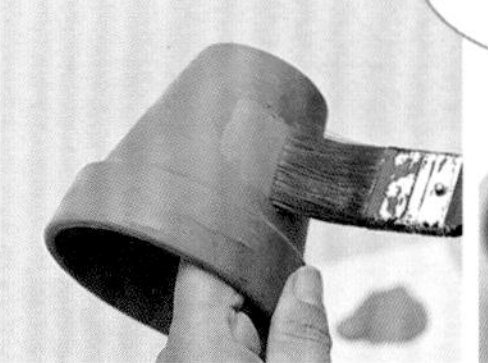

1 將藍色壓克力顏料倒在牛奶盒紙片上，以刷子塗刷於陶盆外側。

2 以刷具塗刷藍色壓克力顏料盆緣，及盆內側約3cm處，靜置待乾。

3 將白色壓克力顏料倒在牛奶盒紙片上，在已乾燥的步驟**2**陶盆，以海綿輕拍上色、進行裝飾。

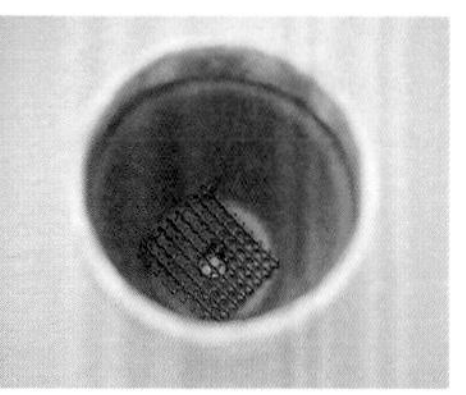

4 在步驟**3**盆底鋪上花盆底網。配合底孔大小，以剪刀剪裁底網。

5 使用填土器，裝入深約2/3的用土。

6 從盆中取出苗株，植入步驟**5**盆中，補足補用土的空隙。

種植技巧請見 P.9

禾本科植物的葉子很漂亮，適合作為點綴之用！

7 搭配喜歡的花盆，種植多肉植物。禾本科植物耐旱性強，容易照護。

8 將低矮的植栽擺在角落前方，後方放置株型較高的植栽，整體看來勻稱有致。

9 在鐵盒蓋上，塗刷藍色的壓克力顏料後，以白色壓克力顏料寫字，作為裝飾。

Memo

種植之後的照護

擺在明亮通風的室外。春季與秋季，大約每週給水一次，當多肉植物葉片出現細紋，在上午給足水分。夏季和冬季需節制給水。

recipe 5

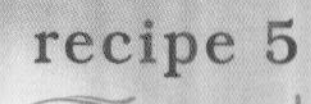

以舊花盆層疊的白色城堡

★★…簡單

要改造的是這個！

各種不同尺寸花盆

準備各種尺寸的素燒花盆。底部為平面的最佳。

橡皮擦

切成各種自己喜歡的形狀大小，可代替印章使用。

搭配這個雜貨店商品！

磁磚填縫劑

只需加水就是方便的改造用品，分量也剛剛好！

長生草屬　姬牡丹

景天屬　珍珠萬年草

景天屬　大型姬星美人

厚敦菊屬　黃花新月

景天屬　銳葉景天

青鎖龍屬　小酒窩錦

材料&工具

各種尺寸的花盆（1.5號・2號・2.5號・5號平鉢）
橡皮擦（一切為二）・磁磚填縫劑（100g以上）
壓克力顏料（白色・淡黃色・金色）・鐵絲（粗1mm×25cm以上）
鈴鐺裝飾品・包裝紙・木工用接著劑・刷子・海綿
剪刀・鑷子・美工刀・鉗子
豆腐空盒・多肉植物用土・花盆底網
填土器・牛奶盒

苗株：長生草屬 姬牡丹・大型姬星美人
景天屬 珍珠萬年草・厚敦菊屬 黃花新月
景天屬 銳葉景天・青鎖龍屬 小酒窩錦

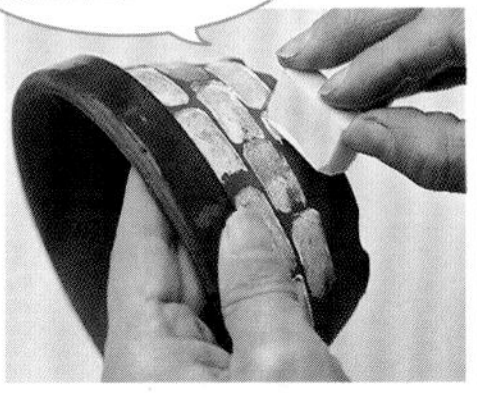

1 將白色壓克力顏料倒在牛奶盒紙片上，以大的橡皮擦蓋章在鉢的外側。

2 使用刷子，在盆緣塗刷白色壓克力顏料。內側也刷上顏料約3cm。

3 將填縫劑與壓克力顏料，以1：2的比例倒入豆腐空盒，塗刷在鉢上。

4 等步驟**3**乾燥後，將金色壓克力顏料倒在牛奶盒紙片上，以小橡皮擦沾取顏料蓋章。

以隨意輕拍
粗略上色！

5 將淡黃色壓克力顏料倒在牛奶盒紙片上，以海綿沾取顏料，於已乾燥的步驟**4**上色。

6 其餘的兩個花盆，也依相同方式，大致上色裝飾。

7 在步驟**6**花盆鋪上底網。配合底孔大小，以剪刀剪裁底網。

8 先將花盆放入後，再以填土器剷入約2/3深用土。

9 剪三段長8cm鐵絲。將包裝紙剪成三角形，塗上接著劑後黏於鐵絲上。另外兩條鐵絲則掛上鈴鐺。

10 其他花盆倒入用土，植入苗株、插入三角旗及鈴鐺作為裝飾，即完成。

種植技巧請見 P.12 至 P.13

Memo

種植之後的照護

適合養在明亮通風的室外。給水的部分，春秋兩季大約每週一次，如果景天屬的葉片變細、枯萎，請在中午前給足水分。夏季及冬季需節制給水。

recipe 6

以木箱作出精緻的百寶盒

★…非常簡單

要改造的是這個！

小型瓦盆
1.5號的小型瓦盆。適合迷你盆栽或仙人掌用。

搭配這個雜貨店商品！

收納木箱
室內裝飾及收納用的木箱，價格便宜相當實惠！

風車草×景天屬 秋麗

景天屬 黃麗

風車草×景天屬
姬朧月

景天屬 春萌

擬石蓮花屬
女雛

擬石蓮花屬 白牡丹

材料&工具

小型瓦盆（1.5號・直徑4.5cm×高4cm）6個
收納木箱（15.8×11.5cm・高4cm）
鐵絲（粗1mm×18cm）2條・壓克力顏料（白色）
刷子・鑷子・鉗子・尺・鉛筆・錐子
多肉植物用土・化妝砂・填土器
湯匙・牛奶盒

苗株（切苗）：風車草×景天屬 秋麗・景天屬 黃麗
風車草×景天屬 姬朧月・擬石蓮花屬 女雛
景天屬 春萌・擬石蓮花屬 白牡丹

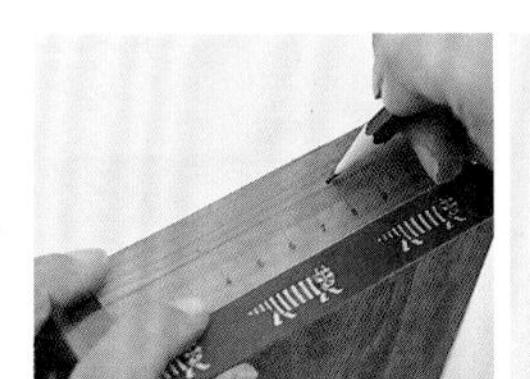

1 以木箱中心點的左右4cm處，以鉛筆標記鑽孔的記號，準備製作手把。

2 使用錐子，在步驟**1**的記號處進行鑽孔。木箱另一側也依相同方式鑽孔。

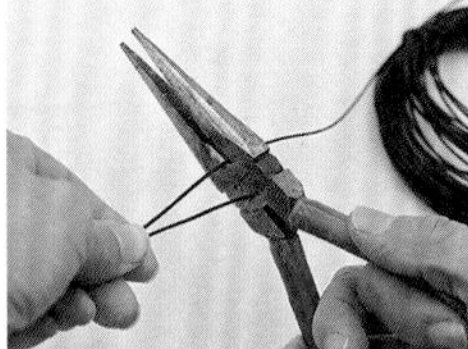

3 以鉗子剪18cm長的鐵絲，準備兩條。

4 將步驟**3**鐵絲兩端，從外側穿入步驟**2**的孔內，以鉗子將尾端倒鉤成U字形，並夾緊固定。

5 將白色壓克力顏料倒在牛奶盒紙片上，以刷子在瓦盆上大略上色。

6 以填土器裝入用土，至盆緣下方約1cm處，整平表面。

7 使用鑷子輕夾多肉植物的莖幹，深植於步驟**6**的盆中央。

8 使用湯匙，在步驟**7**看得見用土的部分，鋪上一層薄薄的化妝砂。其餘花器也是一樣。

9 將種好的花器，依序排列在步驟**4**的木箱中。

Memo

種植之後的照護

適合放在通風良好的室外。第一次給水，在種植之後10天進行。春秋兩季，大約每週給水一次，上午之前給足水分。夏季及冬季需節制給水。澆水時，請留意木箱底部積水問題。

recipe 7

寶特瓶蓋＆空罐的花環

★★…簡單

要改造的是這個！

鮪魚罐
建議選用小型扁罐。

寶特瓶
請選擇圓形＆柔軟的款式。

景天屬　薄雪萬年草

風車草屬　朧月

青鎖龍屬
小酒窩錦

景天屬　斑葉圓葉景天

材料&工具

（P.59作品圖・上）

鮪魚罐頭・寶特瓶・填縫劑
壓克力顏料（白色・淡紫色・褐色）・黑板漆・刷子
美工刀・鑷子・剪刀・海綿・釘子・牙籤
槌子・多肉植物用土・填土器・牛奶盒

苗株：景天屬 薄雪萬年草・風車草屬 朧月

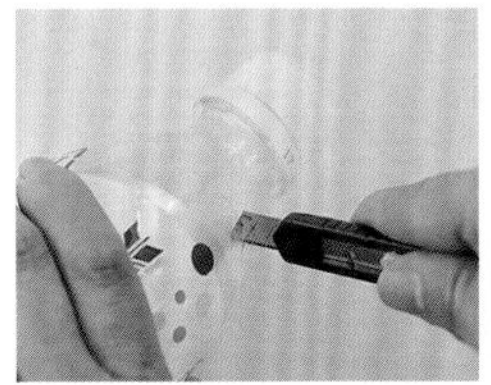

1 使用美工刀，距寶特瓶開口1.5cm處，連瓶蓋一起切開。

2 以剪刀將切口剪齊。

3 打開黑板漆的上蓋，將寶特瓶蓋部份，直接浸入上色。

4 等步驟**3**乾燥，以牙籤尖頭處沾取壓克力顏料，寫字或畫圖。

5 在空罐的罐緣、側面以刷子塗填縫劑，罐底亦刷妥備用。

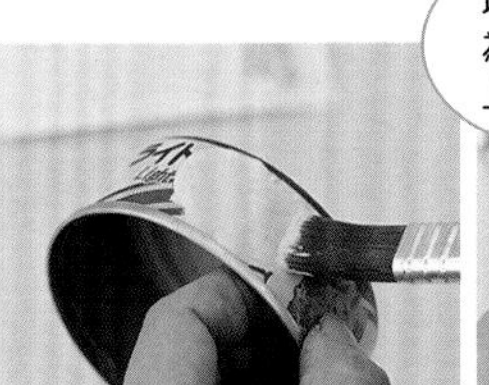

6 在步驟**5**已刷填縫劑、已乾燥後的部分，塗上淡紫色壓克力顏料，待乾。

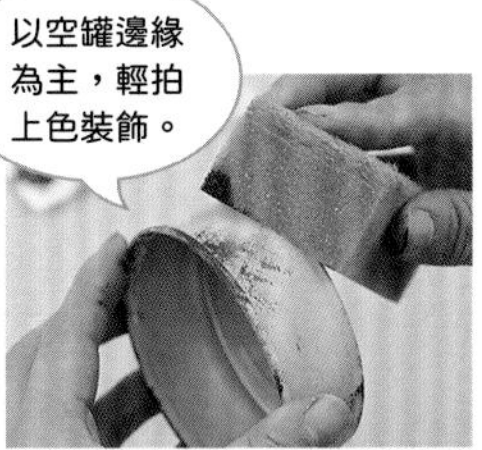

7 以海綿沾取褐色壓克力顏料，以輕拍的方式進行加工。

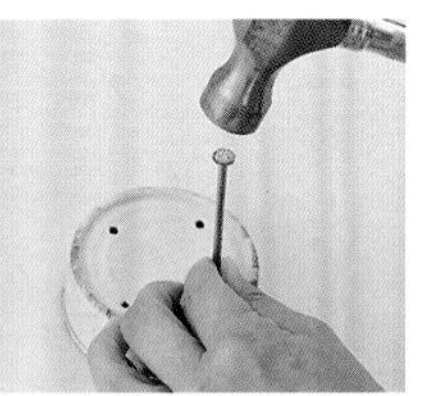

8 等步驟**7**乾透之後，以槌子釘入鐵釘，打出四至五個孔。

9 將用土倒入步驟**8**，將步驟**4**部件緊緊插入罐中。

10 在四周甜甜圈狀的用土種植景天屬後，以鑷子植入風車草屬。

Memo

種植之後的照護

適合養在陽光充足的室外，若要將它擺在室內觀賞，每隔幾天需移至屋外放置。每星期澆水一次，建議中午之前給足水分。

recipe 8

鮪魚罐頭製作的 WELCOME招牌

★★…簡單

搭配這個雜貨店商品！

英文字母轉印貼紙
使用附屬的棒子，即可轉印文字。建議選用粗體字。

要改造的是這個！

鮪魚罐
建議選用小型扁罐。

木板
零碎的木材，在五金賣場可以購買到現成尺寸。

168TH STREET

景天屬 春萌

景天屬 黃麗

擬石蓮花屬 女雛

擬石蓮花屬 白牡丹

伽藍菜屬
千兔耳

景天屬 乙女心

景天屬 寶珠

風車草×景天屬
姬朧月

厚敦菊屬
黃花新月

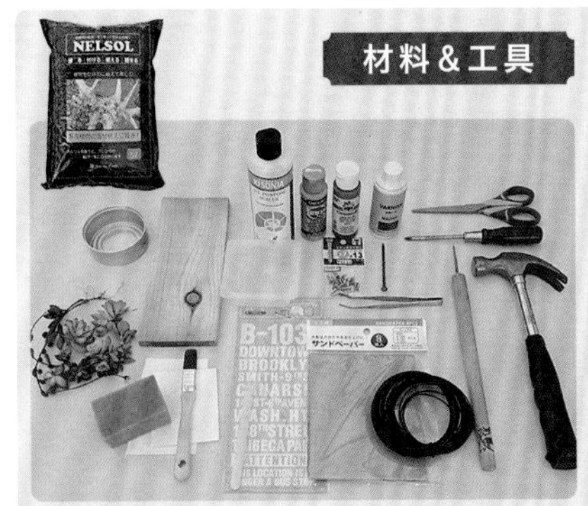

材料&工具

鮪魚罐頭・木板・(寬約8.5cm・厚1.2cm・長約22m)
英文字母轉印貼紙・園藝鋁線(直徑1mm・長25cm以上)
打磨砂紙・壓克力顏料(淡綠色・褐色)
填縫劑・水性清漆(Walnut)・稍小的螺絲釘2支・刷子
海綿・剪刀・鑷子・螺絲起子・錐子・鐵鎚・釘子
多肉專用黏性培養土(nelsol)・湯匙・牛奶盒・豆腐空盒
苗株(切苗):
景天屬 黃麗・景天屬 春萌・擬石蓮花屬 女雛
伽藍菜屬 千兔耳・擬石蓮花屬 白牡丹
景天屬 乙女心・厚敦菊屬 黃花新月
景天屬 寶珠・風車草×景天屬 姬朧月姬

1 將水性清漆倒入豆腐空盒,以刷子在木板正面塗上清漆。

2 等步驟**1**乾透後,以砂紙在正面打磨使其粗糙,進行加工。

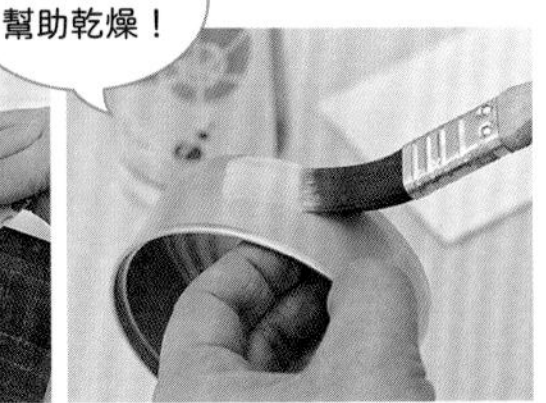

3 將填縫劑均勻地,薄塗於空罐表面及罐緣內側,靜置待乾。

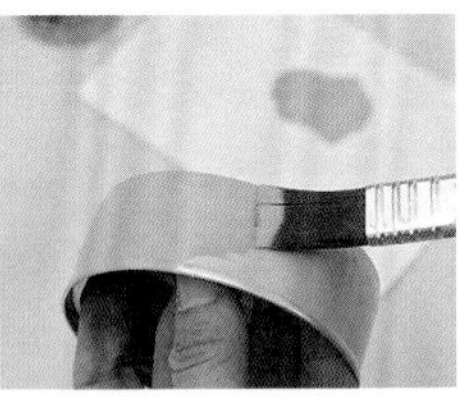

4 將淡綠色壓克力顏料倒入豆腐空盒,以刷子在步驟**3**表面及罐邊內側上色。

5 等步驟**4**乾燥後,將褐色的壓克力顏料倒在牛奶盒紙片上,利用海綿進行加工。

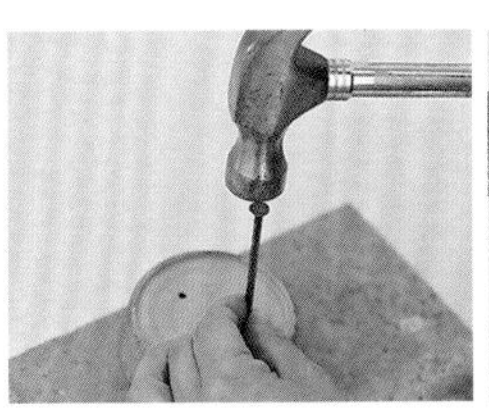

6 待步驟**5**乾燥後,以粗釘抵住空罐底部,以鐵鎚敲出兩個螺絲釘孔。

7 將步驟**6**放在步驟**2**的木板上,以螺絲起子從罐內旋入螺絲釘,將空罐固定。

8 將已濕潤的培養土,搓揉至似耳垂般柔軟度,倒入步驟**7**至罐緣後,撫平表面。

種植技巧請見P.117

9 將多肉植物以鑷子植入,將轉印貼紙進行轉印至木板上。

10 以錐子在木板上方兩處鑽孔,製作可供吊掛的提把。

11 剪長40cm的鐵絲,穿過步驟**10**的小孔中後,旋緊鐵絲尾端,配合裝飾場所,進行調整。

Memo

種植之後的照護

請養在明亮通風的室外。第一次給水於在種植10天之後進行。每星期以噴霧器給水,噴濕全部土壤一至兩次。

recipe 9

麻袋水桶型吊掛式組盆

★★…簡單

要改造的是這個！

麻布
五金賣場或園藝店有販售。

搭配這個雜貨店商品！

彩色麻繩
彩色手工藝用麻繩，請配合植物葉色使用。

材料&工具 (P.62作品圖・上)

麻布(23×11cm)・塑膠袋(18×9cm)
彩色麻繩(30cm以上)・麻繩(70cm以上)
鐵絲(粗1mm的10cm兩條・25cm一條)
粗的毛線針・鑷子・鉗子・剪刀・尺
油性筆・筷子・多肉植物用土・填土器

苗株:青鎖龍屬 火祭・景天屬 圓葉景天

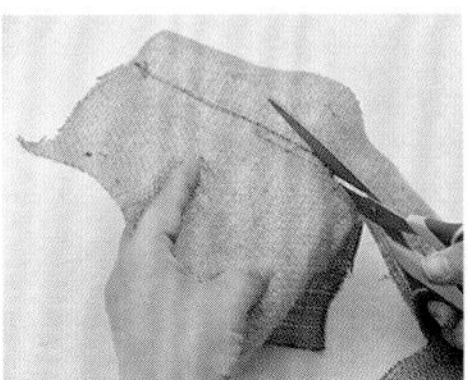

1 以油性筆在麻布作記號,以剪刀裁成23×11cm大小。

2 將步驟**1**對摺,毛線針穿上麻線,在麻布背面、距左右兩側1cm處,進行平針縫。

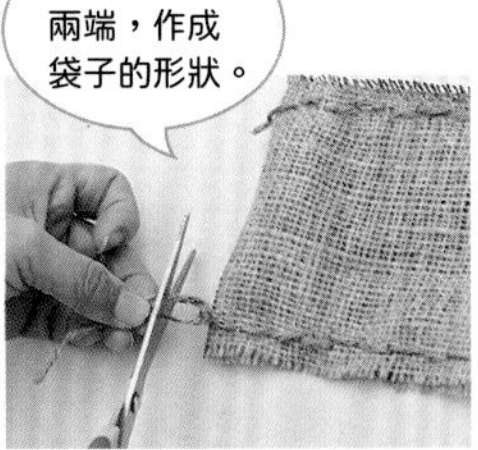

3 反過來進行回針縫,縫好後麻繩打結。剪掉多餘麻繩。

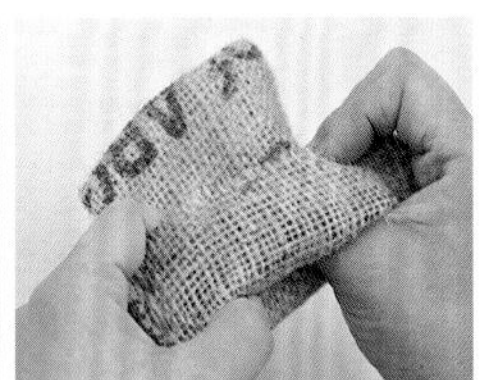

4 將步驟**3**內外反轉,稍加整理麻袋形狀,拉出袋子邊角。

5 將袋口內摺3cm,取毛線針穿入彩色麻繩,縫製一圈後,在正面打結。

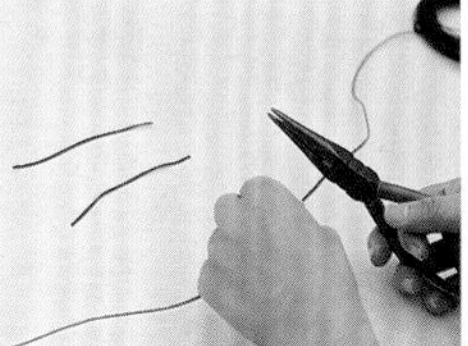

6 將鐵絲以鉗子剪斷備用。兩條長10cm、一條長25cm。

7 從彩色麻繩縫份的左右,各別穿入長10cm的鐵絲後,將尾端以鉗子彎成U字形。

8 將相鄰的U形鐵絲互鉤,以鉗子夾扁,將鐵絲固定於左右兩處。

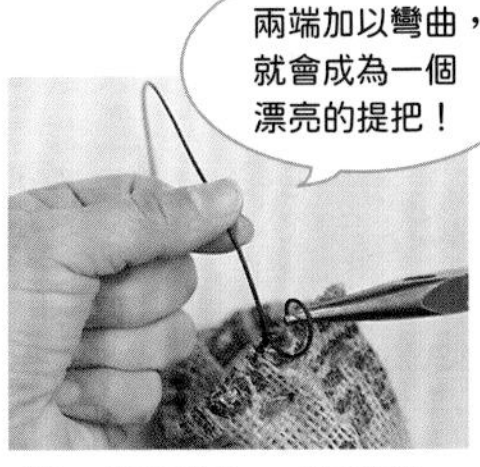

9 取長25cm的鐵絲,從內側穿過步驟**8**的固定處,將鐵絲的尾端以鉗子捲起彎曲。

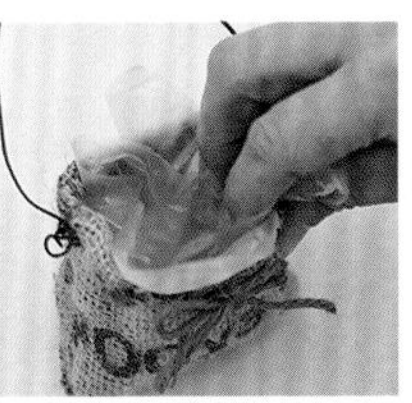

10 在塑膠袋以筷子戳出幾個小孔後,鋪入步驟**9**中展開,再裝入用土。

11 從盆中取出苗株,以鑷子植入步驟**10**,以筷子稍加整理後,從周圍補入用土。

種植技巧請見 P.12 至 P.13

Memo

種植之後的照護

適合養在通風良好的室外。每星期給水一至兩次。如果植株乾癟時,可將植物連同麻布袋一起放置在盛水的托盤中,浸泡約30分鐘,使其飽吸水分。

recipe 10

空罐改造的鍋子＆平底鍋

★★…簡單

材料&工具

鯖魚罐頭・鮪魚罐頭・鐵絲（粗2.5mm×35cm以上）
扁平鋼片（寬5mm×4cm）兩條・填縫劑
壓克力顏料（藍色・淡綠色・褐色）・刷子・鉗子
鑷子・剪刀・海綿・釘子・尺・瞬間接著劑
槌子・多肉植物用土・填土器・牛奶盒

苗株：景天屬 虹之玉・擬石蓮花屬 女雛
景天屬 黃金細葉萬年草
風車草×景天屬 秋麗・景天屬 黃金萬年草
風車草×景天屬 姬朧月・景天屬 春萌

鍋子的製作作法

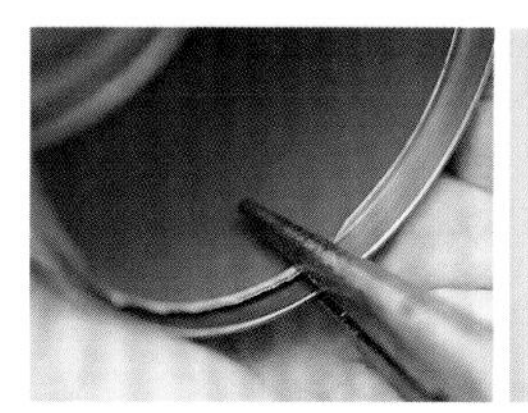

1 以鉗子夾扁鯖魚罐頭切口，作業時請避免傷及手部。

2 在步驟**1**的表面與邊緣以刷子塗刷填縫劑。罐緣內側亦塗刷後備用。

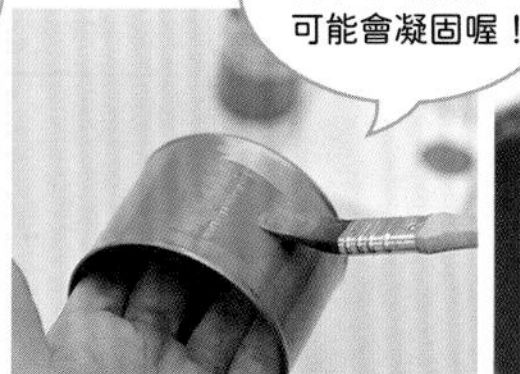

3 將藍色壓克力顏料倒在牛奶盒紙片上，待步驟**2**乾燥後，由上而下進行上色。

4 罐緣及內側都塗上壓克力顏料，成品會非常好看。

5 以海綿沾取褐色壓克力顏料，輕拍進行加工。

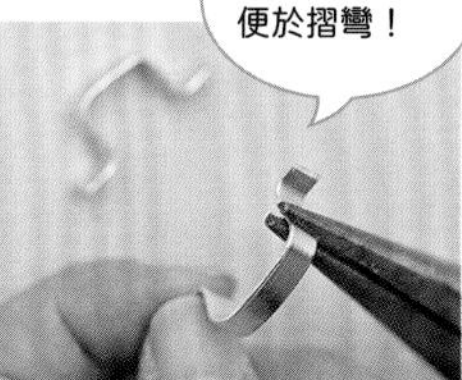

6 將扁平鋼片裁剪成長4cm，摺彎成コ字形，兩端預留上膠處約5mm。

7 在步驟**6**的部件塗刷填縫劑，等部件乾燥，再塗上褐色壓克力顏料。

8 待步驟**5**乾燥後，使用鐵鎚和鐵釘，在罐底釘出四至五處排水孔。

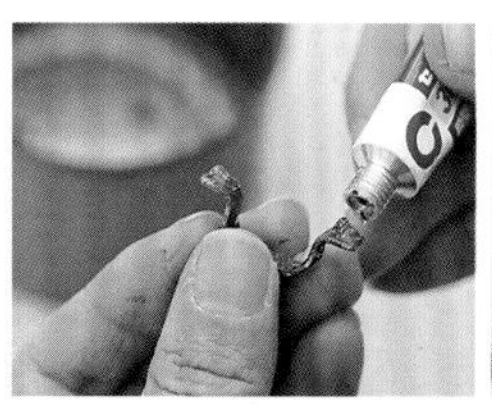

9 等步驟**7**乾燥後，在上膠處塗上一層厚厚的瞬間接著劑。

10 將步驟**9**黏在步驟**8**上，讓左右對稱。在完全黏妥之前，以膠帶暫時固定。

11 等把手固定後，以填土器裝入用土，裝至罐邊下5mm處，輕輕按壓，撫平表面。

12 想像一下燉菜的樣子，選一些圓呼呼的多肉植物，以鑷子種入苗株。

平底鍋的製作方法

1 以尺測量長35cm鐵絲，以鉗子剪斷。

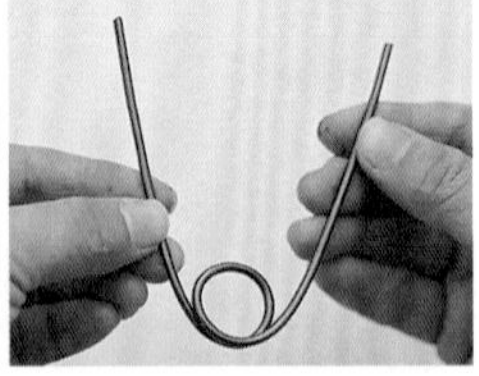

2 將中間圈成圓形，調整左右間隔，確認兩邊長度一致。

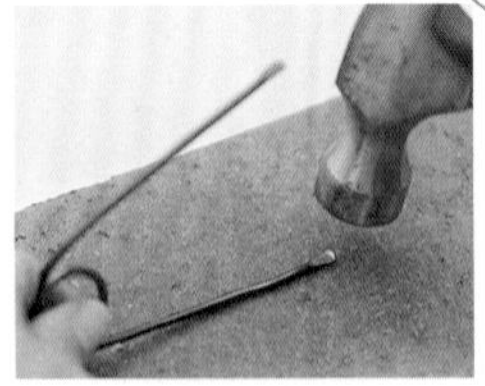

3 將步驟**2**橫立，底下墊入木板或石材，將鐵絲前端約1cm處以鐵鎚敲平。

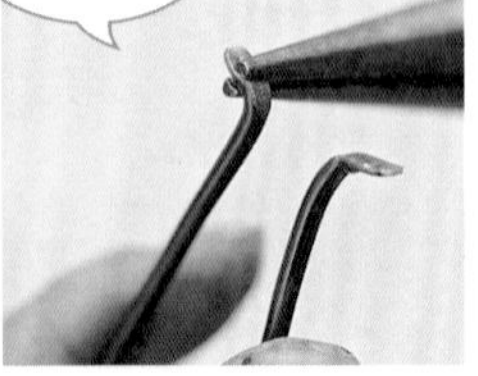

4 將敲扁的部分，以鉗子往左右兩邊彎摺，作出手把的接著面。

5 塗上一層厚厚的瞬間接著劑，在接著面的部分。

6 將邊緣處理後，為罐身塗刷填縫劑、淡綠及褐色壓克力顏料，最後黏上手把。

7 將手把固定後，在罐底鑽出排水孔、倒入用土，以鑷子植入植物。

種植技巧請見 P.12 至 P.13

Memo

種植之後的照護

適合養在明亮通風的室外。給水的部分，種植10天後開始給水，每星期澆水一至兩次，建議上午前給足水分。

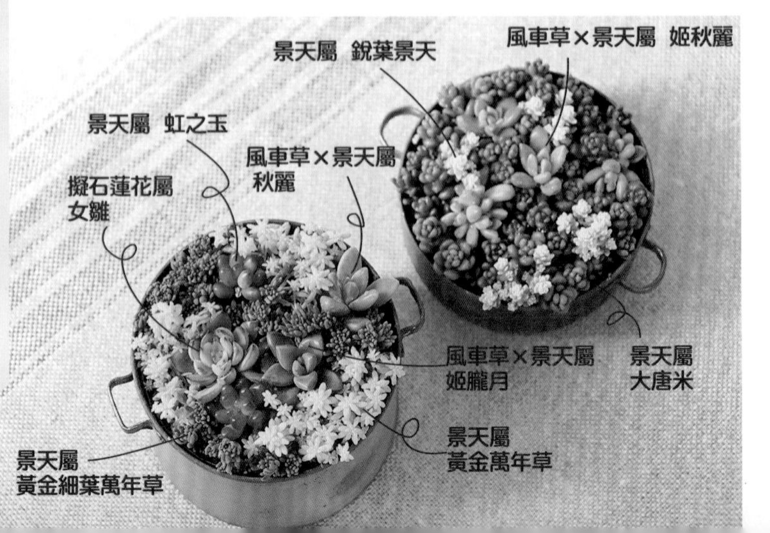

Part 4

以微型DIY
完成更出色的
組盆作法×9

利用在五金賣場、園藝店
都能買得到的材料，
或以餅乾空盒・零碼布等材料，
作一些簡單的DIY吧！
馬上能擁有一盆趣味橫生、
與眾不同的多肉組盆！

recipe 1

簡易苔球

★★…簡單

Ⓐ千里光屬 綠之鈴
Ⓑ景天屬 黃麗
Ⓒ馬齒莧屬 雅樂之舞

尺寸 直徑約 10cm

Ⓐ厚敦菊屬 黃花新月
尺寸 直徑約 10cm

Ⓐ景天屬 垂盆草
尺寸 直徑約 10cm

以水苔將多肉植物
的根部包成球形，
吊掛起來，就成了風鈴苔球。
讓藤蔓輕輕纏繞其上，
形成一幅自然的意象。

材料＆工具

水苔：酌量
鐵絲（粗0.9mm・20cm以上）
麻繩（約150cm）・U型夾4至5支
剪刀・藤蔓・緩衝氣泡布

苗株：厚敦菊屬 黃花新月

若是水分難以滲入，請先浸泡在水裡大約30分鐘！

1 浸濕水苔，用力擰乾。

2 取一個飯糰分量的水苔，放在緩衝氣泡布上，攤開約1cm的厚度。

3 從盆裡小心取下苗株，盡量保持根部完整。

4 小心取下根盆的肩部，苗株的根部若是過長，可修剪下側的根盆。

5 以兩手緊握根盆，利用製作飯糰的手法，整理成圓形。

6 將步驟**5**放在步驟**2**的中間。

7 連緩衝氣泡布一起，以水苔包覆整個根盆。

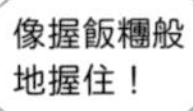

8 握住根部，將水苔包裹的根盆捲成團，整理成球狀。

9 取下緩衝氣泡布，從水苔的上方以麻繩層層纏繞，維持根部的形狀。

10 麻繩的頭尾在植物的肩部附近打結，剪掉多餘的麻繩。

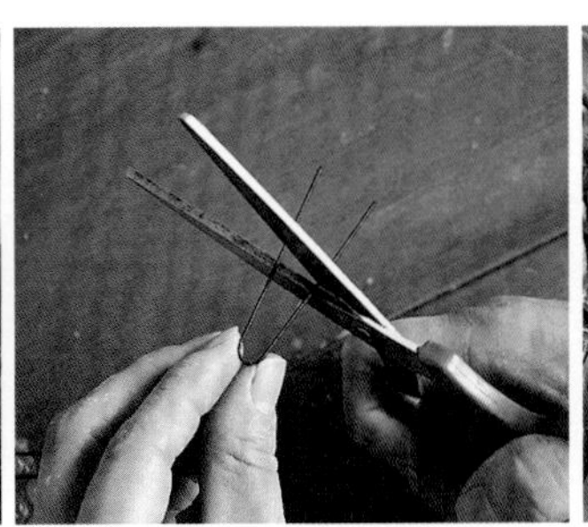

11 由於U型夾比較長，請先裁剪成約長度的1/2。

12 先將葉片配置平衡，再以U夾固在莖幹的部分。

13 將藤蔓從上而下捲繞兩至三圈。

14 將鐵絲貫穿步驟**13**的中心，尾端摺彎成U字形。上端則彎成圓圈，製作成吊掛的部件。

Memo

種植之後的照護

可放在陽光充足的室外。每星期澆水一至兩次，中午前給足水分。若當植株變乾，可將整株多肉泡在水中約30分鐘，讓植株飽吸水份。

recipe 2

鐵盒標示牌

★★…簡單

要作這個！

Ⓐ景天屬 龍血景天
Ⓑ景天屬 針葉萬年草

尺寸 直徑13cm・深3.5cm

Ⓐ景天屬　黃金萬年草
Ⓑ景天屬　針葉萬年草

尺寸 17×12cm・深4.5cm

Ⓐ景天屬　圓葉景天
Ⓑ景天屬　黃金細葉萬年草
Ⓒ胡椒果（乾燥果實）

尺寸 18×20cm・深3.5cm

將原本放餅乾的
淺底鐵盒加以改造，
再製成標示牌。
盒內塞入滿滿的
色彩斑爛的多肉。

材料＆工具

罐底打孔的空盒
（直徑13cm・深3.5cm）
鐵絲（粗0.9mm・50cm以上）
餅乾模型 1個
鑷子・多肉植物用土・填土器

苗株：景天屬 龍血景天
　　　景天屬 針葉萬年草

以鐵鎚和鐵釘
可簡單作出
排水孔！

1 在盒底鑽出五個洞，確認正面位置後，倒入深約1cm的用土。

2 輕輕按壓用土，將表面整平。

3 確認放模型的位置，將模型垂直插入用土。

分成小束，
方便種植。

4 將要植入中間的龍血景天，從盆中取出，取下下半部的根盆。

5 將步驟**4**中的小苗株整理成一束、易於種植的狀態。

6 以鑷子輕夾步驟**5**的苗株，先從模具的一角開始，依序種植。

7 環繞模具內側進行種植後，在種入的龍血景天之間的空隙，補足用土。

8 以鑷子整理成心形。

9 在模具外圍種入針葉萬年草。從盆中取出苗株，並取下下半部的根盆。

10 將步驟**9**中的苗株整理成一束、易於種植的狀態。

11 以鑷子輕夾步驟**10**的苗株，先從鐵盒的一角開始，依序種植。

整平之後，稍密地進行種植。

12 在種入的針葉萬年草的空隙間，補足用土，整理全體。

13 以鑷子輕夾苗株，讓其頭部朝上，使形狀如模具形狀更加明顯。

14 將鐵絲扭成文字形狀，安插在種好的植物上。

Memo

種植之後的照護

將它養在向陽的室外，或室內窗台邊。龍血景天若日照不足，葉色將不夠飽滿。給水的部分，每星期給水一至兩次，建議中午前給水，澆至盆底排水孔溢水為止。

以再製空罐製作「黑法師」

★★…簡單

Ⓐ蓮花掌屬 黑法師
Ⓑ伽藍菜屬 不死鳥
Ⓒ景天屬 龍血景天
Ⓓ景天屬 白霜
ⒺSempervivum Duke Mall

尺寸 直徑6.5cm・高5.5cm

別緻的黑色葉片，出眾的存在感，
新手也能輕鬆搞定的
多肉植物—黑法師
將它植入再製空罐，時尚感瞬間提升。

Ⓐ蓮花掌屬　黑法師
Ⓑ景天屬　白霜
Ⓒ長生草屬
Ⓓ青鎖龍屬　若綠

尺寸 直徑7cm・高6cm

Ⓐ蓮花掌屬　紫羊絨
Ⓑ伽藍菜屬　月兔耳
Ⓑ景天屬　姬星美人
Ⓓ蓮花掌屬　黑法師
Ⓔ青鎖龍屬　若綠

尺寸 直徑8cm・高11cm

材料＆工具

鯖魚罐頭・丹寧零碼布・托盤・剪刀
粉筆・雙面膠帶・海綿・牛奶盒
壓克力顏料（褐色・黑色）・釘子・鐵鎚
多肉植物用土・填土器

苗株：蓮花掌屬 黑法師・景天屬 白霜
長生草屬・青鎖龍屬 若綠

1 在丹寧布上以粉筆描出空罐的大小。重疊的部分取4cm。

2 以剪刀依步驟**1**畫出的線條，裁剪布片，準備黏貼於空罐上的布片。

3 從步驟**2**剪好的布邊，拉出些許布線，營造磨損感。

4 在反面左右的兩側短邊，貼上雙面膠帶。如圖示，左側短邊朝上斜貼。

5 將右側短邊布片上直向的雙面膠護膜撕下。

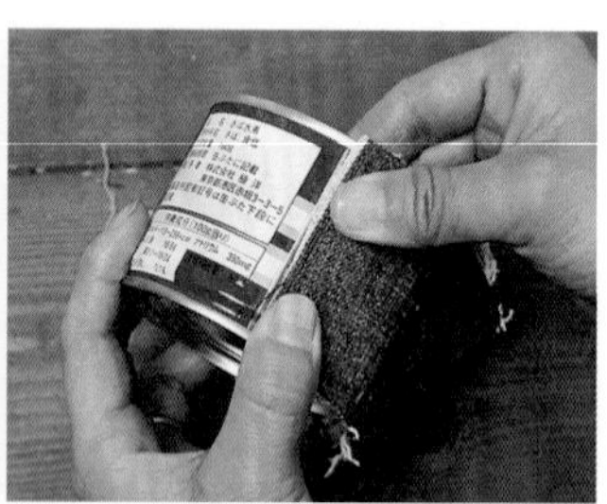

6 從右側開始，將步驟**5**黏貼空罐上、並將布片平順地圍繞空罐一週。

7 撕下左側斜貼的雙面膠護膜，將其黏貼於下層丹寧布上。

8 將步驟**7**已黏貼的丹寧布邊角，如圖示，以斜向反摺。

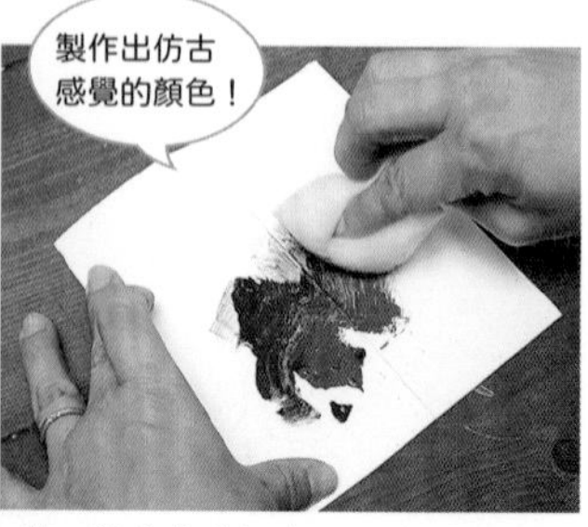

9 將少許的褐色、黑色的壓克力顏料，倒在牛奶盒紙片上，以海綿加以混合。

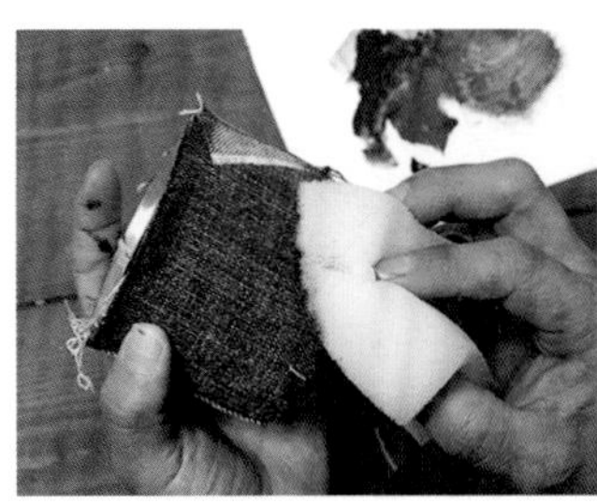

10 以海綿沾取步驟**9**的顏料，按壓於步驟**8**的丹寧布上，迅速揉上顏色，呈現陳舊的歷史感。

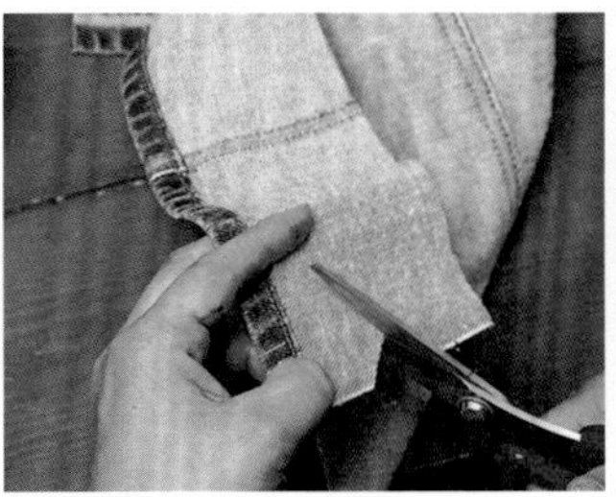

11 以剪刀將零碼布邊剪成五角形，製作口袋部件。

12 在步驟**11**布片的背面貼上雙面膠帶。剪裁時請留意勿露出膠帶。

13 撕下步驟**12**雙面膠護膜，將之貼在步驟**10**的側面。貼在接近反摺處為佳。

14 將步驟**13**的空罐倒置，以鐵鎚在罐底釘入鐵釘，鑽5個排水孔。

15 將步驟**14**的空罐朝上擺正，倒入深約1至2cm的用土。

16 從盆中取出黑法師苗株，栽種在後方，並從左右兩側剷入用土。

17 將白霜從根盆處分成兩株。

18 將步驟**17**已分株的苗株，分別於左右側植入，並將其餘植物也植入。

Memo

種植之後的照護

擺放在日照充足的室外，春、秋季每週給水一至兩次，中午之前給足水分。夏季養在通風良好的半日照處，冬天則養在明亮溫暖的屋簷下，注意避免受霜凍。

鮪魚罐頭的小小鳥籠

★★…簡單

要作這個！

A 風車草屬 朧月
B 景天屬 圓葉景天
C 千里光屬 藍松
D 長生草屬
E 景天屬 垂盆草
F 千里光屬 綠之鈴錦
G 花蔓草屬 花蔓草錦

尺寸 **吊掛的部分：**
上下28cm・左右10cm
種植的部分：
直徑8.5cm・高3.3cm

Ⓐ風車草屬 朧月
Ⓑ景天屬 三色葉
Ⓒ風車草×景天屬 姬朧月姬
Ⓓ千里光屬 綠之鈴
Ⓔ厚敦菊屬 黃花新月
Ⓕ厚葉草屬 桃美人
Ⓖ風車草×景天屬 姬秋麗

尺寸 **吊掛的部分：**
上下28cm・左右15cm
種植的部分：
直徑7.5cm・高2.8cm

Ⓐ青鎖龍屬 若綠
Ⓑ景天屬 春萌
Ⓒ擬石蓮花屬 針絨
Ⓓ景天屬 黃麗
Ⓔ景天屬 圓葉景天
Ⓕ景天屬 高加索景天
Ⓖ景天屬 白霜

尺寸 **吊掛的部分：**
上下28cm・左右9cm
種植的部分：
直徑7.5cm・高2.8cm

以空鮪魚罐製作
可愛鳥籠型的
吊掛式容器，
可以提著它到處蹓躂！
多肉植物真是讓人
賞心悅目，心曠神怡！

材料&工具

請依右圖，準備鐵絲數量，備用。

木工用接著劑・填縫劑・壓克力顏料2至3色
鮪魚空罐（直徑8.5cm高3cm）・尺・磁磚填縫劑
裝飾用的雜誌・刷子・剪刀・鉗子・厚紙板
鐵絲（粗約0.9cm・請參閱下圖所示）
串珠線（線徑約0.3mm・約1m）

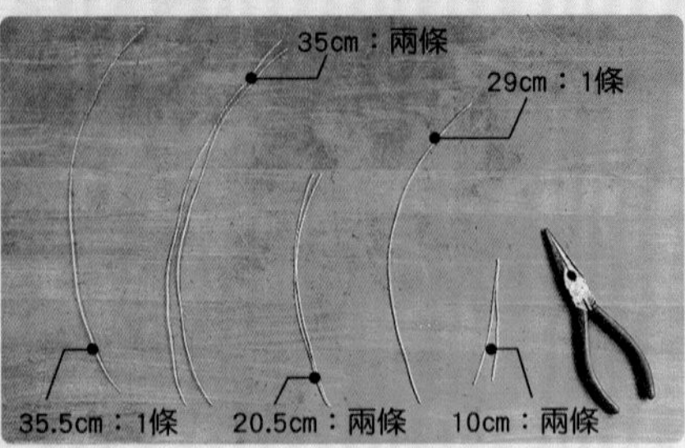

1 將罐頭邊緣以鉗子夾扁，沿著罐緣施作。如果沒處置，恐會受傷。

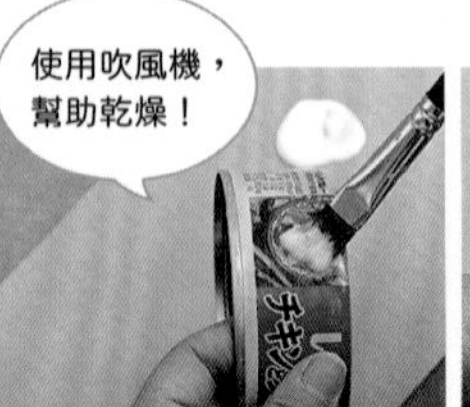

2 以厚紙板代替調色盤，將底漆倒在紙板上面，以刷子均勻塗刷空罐，待乾。

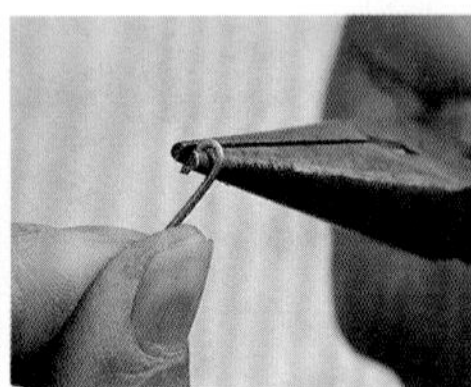

3 製作籠子的底部。如圖，將29cm鐵絲的左右兩端以鉗子摺彎。

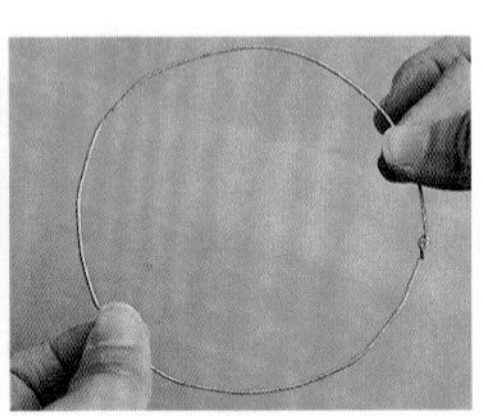

4 將步驟**3**兩頭互勾後，以鉗子夾扁接合處，固定。

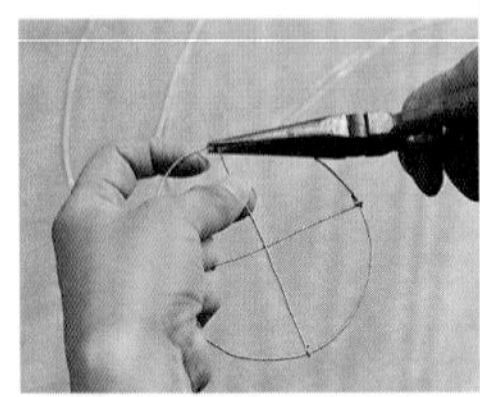

5 將兩支長10 cm的鐵絲交叉放在步驟**4**上後，將兩端摺彎5mm，掛在鐵圈上，夾扁固定。

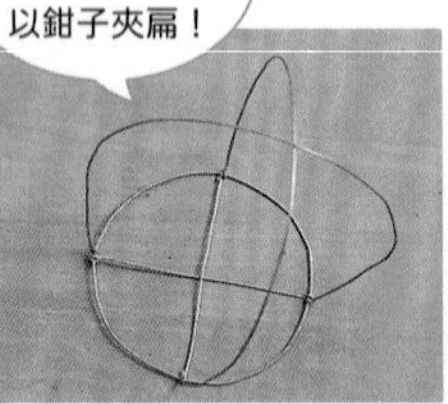

6 將兩支35cm的鐵絲，呈圓頂狀橫過頂部，圓圈接合處彎摺5mm，予以固定。

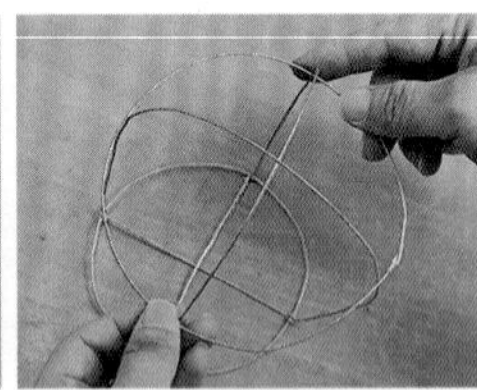

7 以步驟**3**的要領，將35.5cm鐵絲兩端夾扁，作成鐵環，架在距底部1/2 的高度。

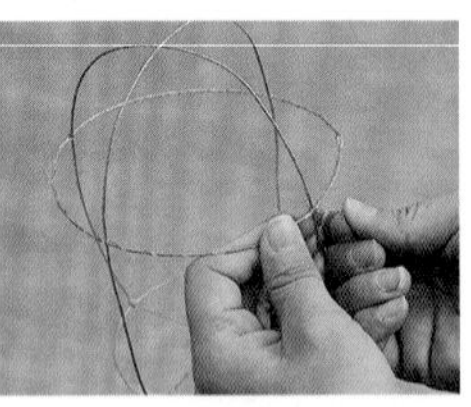

8 裁剪串珠線，長度為外圍的2.5倍長，圍繞在步驟**7**上後，以鐵絲加以固定。

9 使用兩條20.5cm的鐵絲，打成十字形，將頂端固定在步驟**8**。中間以鐵絲綁緊。

10 將壓克力顏料與稍少的磁磚填縫劑，均勻混合。

11 將步驟**10**塗刷在已乾燥的罐子。刻意以不均勻、呈現粗糙的方式上色。

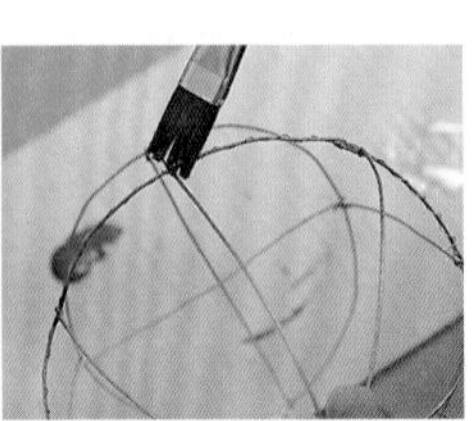

12 以鐵絲的接縫部分為中心，刷上褐色的壓克力顏料，製作出生銹的質感。

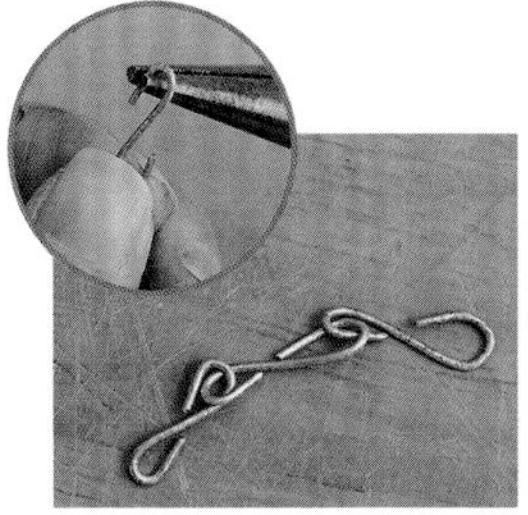

13 剪一段長3cm的鐵絲，將兩端往反方向反摺，製作S型零件作為鎖釦。

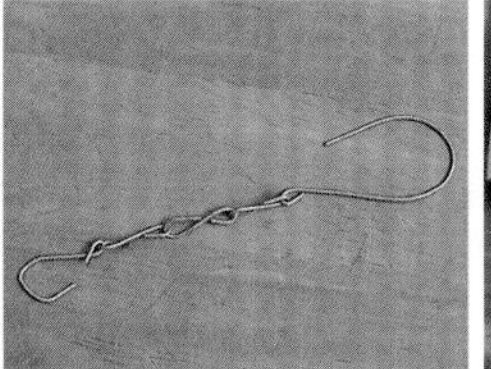

14 上端以長約7cm的鐵絲大幅彎摺、下方則是將以約5cm的鐵絲彎摺，並加以連結於步驟**13**上面。

15 將淡綠等色的壓克力顏料，在已乾燥的步驟**11**的空罐上，塗刷出隨性的樣子。

16 從雜誌中挑選出可製作成標籤的部份，剪下備用。

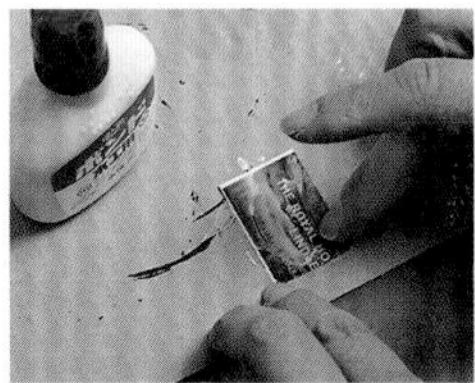

17 在步驟**16**的背面，均勻塗上木工用接著劑，稍微乾燥。

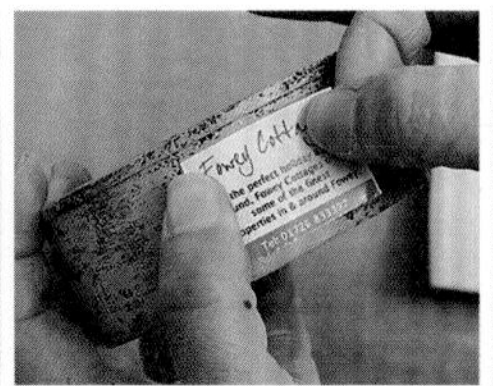

18 將步驟**17**的標籤，黏貼於已乾燥的步驟**15**側面。

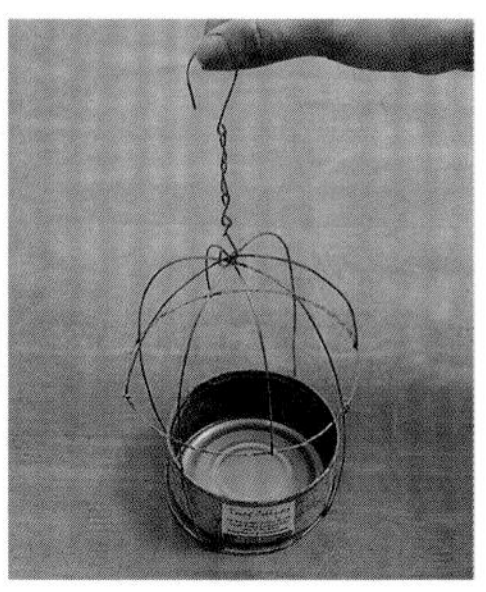

19 鳥籠完成。

種植的材料

P.82所製作的鳥籠・筷子・鑷子・珪酸鹽白土
多肉植物用土・填土器・托盤・U型夾（以剩下鐵絲製作）

苗株：風車草屬 朧月・景天屬 垂盆草
景天屬 圓葉景天・千里光屬 藍松
長生草屬・花蔓草屬 花蔓草錦
千里光屬 綠之鈴錦

1 倒入約可覆蓋盆底的珪酸鹽白土，接著倒入深約1cm的用土。

2 將細葉苗株集成一小束，以鑷子夾取二至三種植株，植入空隙。

3 再植入垂掛型的植株，以U型夾加以固定後，將鐵絲稍微彎曲，使盆組放入於鳥籠框架中。

Memo

種植之後的照護

養在陽光充足的室外，春秋兩季，每星期給水一至兩次，中午前給足水分。夏季養在通風的半日照處，冬季放在明亮的屋簷下，注意避免受霜凍。

recipe 5

一塊木板作的可愛小家

★★★…試著作作看

Ⓐ伽藍菜屬 不死鳥
Ⓑ景天屬 寶珠
Ⓒ銀波錦屬 福娘
Ⓓ景天屬 三色葉
Ⓔ風車草屬 朧月
Ⓕ景天屬 高加索景天
Ⓖ千里光屬 蔓月花
Ⓗ厚葉草屬 長葉美人
Ⓘ千里光屬 綠之鈴

尺寸 20.5cm×11cm・高28 cm
種植的部分：
18cm×8.5cm・高7cm

以一片鋸開的杉木板，
就能作成一個
有頂棚的木製箱型花盆。
花盆屋頂的顏色，
可依照擺放場所及植物而定。

Ⓐ景天科
Ⓑ馬齒莧屬 雅樂之舞
Ⓒ青鎖龍屬 長頸景天錦
Ⓓ景天屬 三色葉
Ⓔ景天屬 子持白蓮
ⒻEcheveria Alfred Graf
Ⓖ景天屬 反曲景天
Ⓗ風車草×景天屬 秋麗
Ⓘ擬石蓮花屬 茜牡丹
Ⓙ吊燈花屬 斑葉愛之蔓
Ⓚ花蔓草屬 花蔓草錦

尺寸 20.5cm×11cm・高28cm
種植的部分：
18cm×8.5cm・高7cm

Ⓐ伽藍菜屬 月兔耳
Ⓑ景天屬 反曲景天
Ⓒ蓮花掌屬 黑法師
Ⓓ厚葉草屬 桃美人
Ⓔ景天屬 龍血景天
Ⓕ景天屬 黃麗
Ⓖ花蔓草屬 花蔓草錦
Ⓗ厚敦菊屬 黃花新月

尺寸 20.5cm×11cm・高28cm
種植的部分：
18cm×8.5cm・高7cm

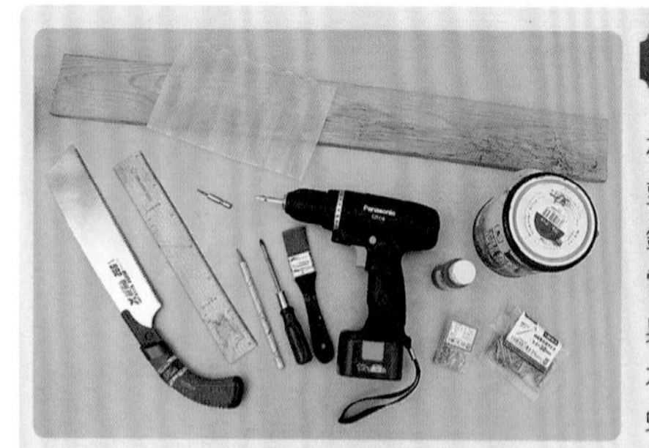

材料&工具

杉木板（180cm×8.5cm× 厚1.2cm）
塑膠波浪板（23cm×13cm）
鋸子・尺・鉛筆・螺絲起子・刷子
電鑽（預先備妥鑽孔用的零件
與螺絲釘用的零件）・壓克力顏料（屋頂用）
水性保護塗料・螺絲釘（3.3×30mm細軸粗目）20支
螺絲釘（3×10mm） 4支

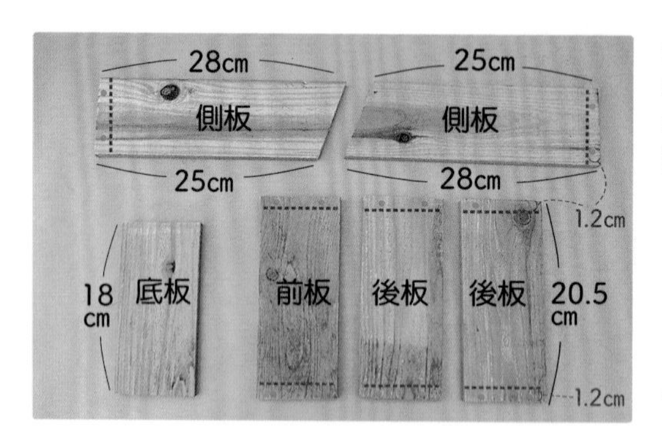

將寬8.5cm、長180cm的杉木板，依左圖所示裁切。也可請五金賣場的服務台幫忙裁切。

● 鑽孔的位置
----- 輔助線

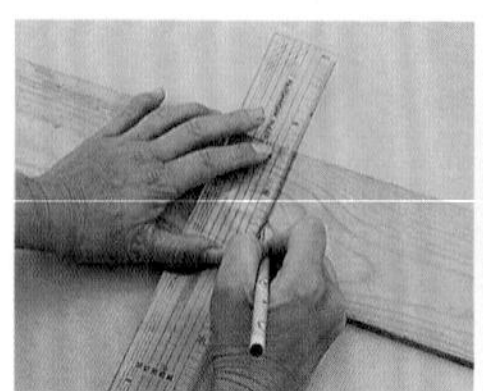

1 參考上圖，確認鋸開的位置，以鉛筆在杉木板作上記號。

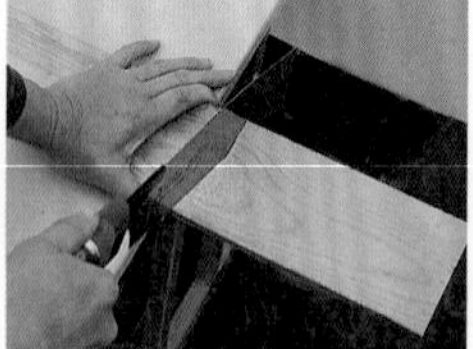

2 將杉木板放在牢靠的工作檯上面，以鋸子裁切木板。

3 確認螺孔的位置，以切板抵住、並沿相接處畫線，以鉛筆在四個邊角作記號。

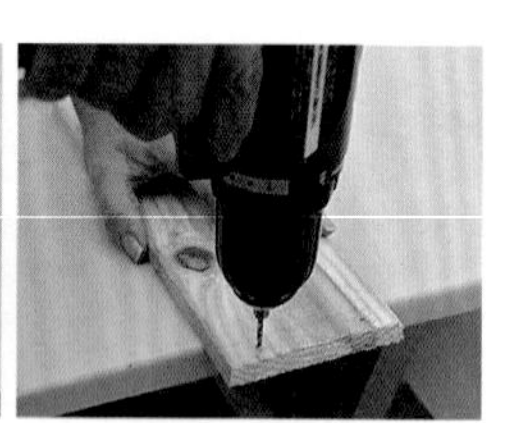

4 電鑽裝上鑽孔零件，板子鑽出底孔。

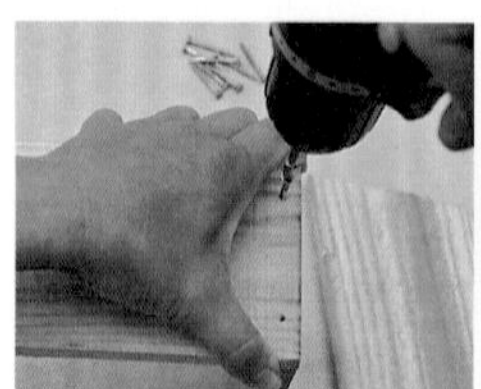

5 壓住側板及底板，以電鑽自底部釘入螺絲釘。

6 此圖是從左右兩側以螺絲釘，固定側板後的樣子。

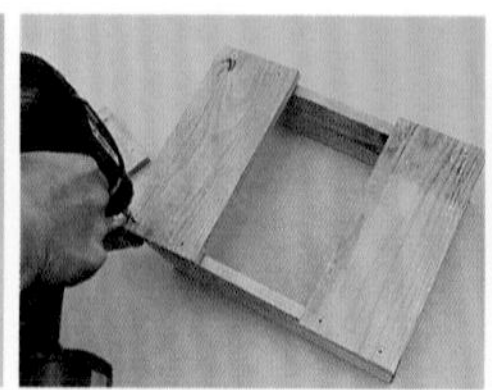

7 在背面的上下兩端，放上木板，將四個邊角以螺絲釘加以固定。

8 將前面的木板以螺絲釘固定後，植物栽種的部分就完成了，最後在底部鑽幾個排水孔吧。

作業時，可鋪上報紙避免弄髒地板。

9 利用零碎木料或漂流木，斜釘在背面上下板中間作為裝飾，就更加有型了呢！

10 在波浪板單面刷上壓克力顏料，晾乾。

11 從內側底板開始，將整組木箱依序塗上水性保護塗料。

12 也不要忘記在背面及側面塗上塗料。

13 待塗料乾燥後，在波浪板的上下左右四個對稱位置，作上鑽孔的記號。

14 在波浪板左右兩端，以木框的寬度位置，以電鑽進行鑽孔。

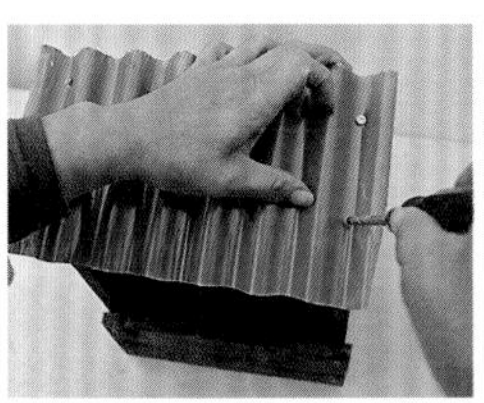

15 將螺絲釘以螺絲起子，旋入步驟**14**的孔洞中，將波浪板安裝在箱型花盆上。

16 箱型花盆完成。

種植的材料

P.86-87所製作的箱型花盆・筷子・鑷子
剪刀・塑膠布・沸石
多肉植物用土・鏟子・托盤

苗株：伽藍菜屬 月兔耳・景天屬 反曲景天
蓮花掌屬 黑法師・厚葉草屬 桃美人
景天屬 龍血景天・景天屬 黃麗
花蔓草屬 花蔓草錦
厚敦菊屬 黃花新月

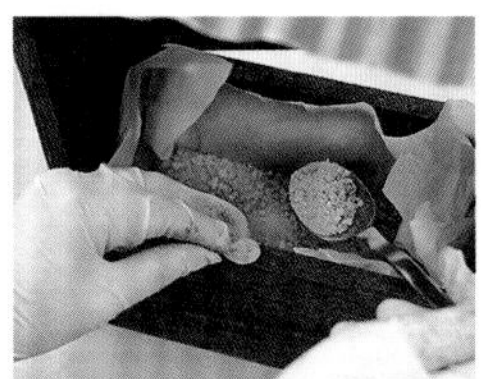

1 將塑膠布鋪在箱型花盆底，以湯匙鋪入厚約1cm的沸石。

2 倒入深約一半的用土，植入苗株，於隙處補入用土。

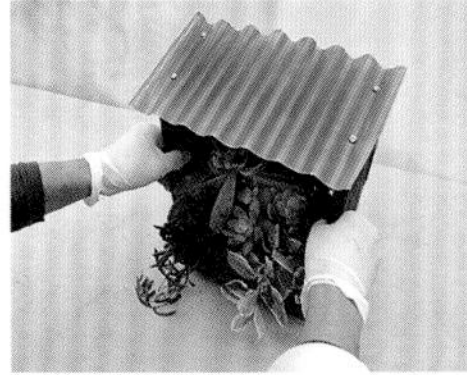

3 將木箱組由上往下輕敲，若組盆中用土出現縫隙，補足用土並予撫平。

Memo

種植之後的照護

擺放在日照充足的室外，春秋兩季，每星期澆水一至兩次，中午之前給足水分。植株若長高失衡時，進行修剪。夏天放置於通風的半日照處。

recipe 6

聖誕節的花圈式桌花

★★…簡單

Ⓐ景天屬 虹之玉
Ⓑ景天屬 大唐米

尺寸 **底座大小：**
直徑8.5cm・高1.6cm

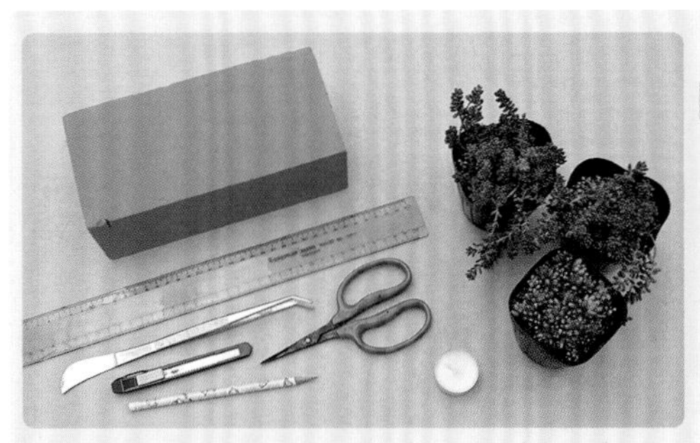

材料&工具

吸水海綿（插花用）
尺・剪刀・鑷子・美工刀
鉛筆・小蠟燭1個

苗株：景天屬 大唐米
　　　景天屬 虹之玉

1 在吸水海綿厚度1.6cm處作記號，以美工刀沿線切開。

2 將步驟**1**平放，中間擺上小蠟燭，使用鉛筆，沿著蠟燭周圍描線一週。

3 在圓圈外側寬3cm處以鉛筆畫出圓形，並沿外側線條切下。

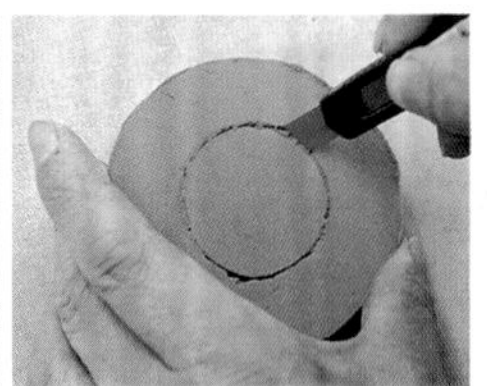

4 以美工刀沿著中間圓形描線，稍微切開。

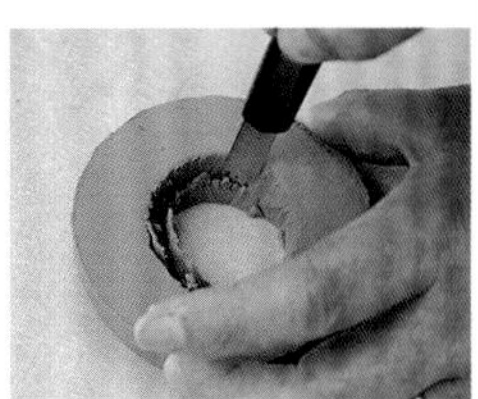

5 沿圓形的側面，垂直下切，並依蠟燭尺寸進行調整。

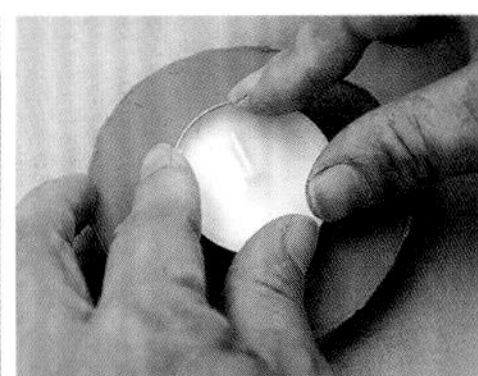

6 將小蠟燭嵌入座台的圓孔裡。

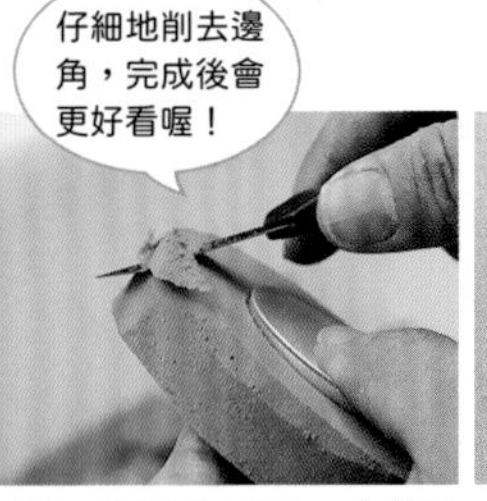

7 使用美工刀，薄薄地削去座台邊角，將側面削掉。

8 將蠟燭朝上方擺放，以便進行配置。

9 自苗株前端約3cm處剪下後，摘除下葉，保留莖長7至8mm，製成插穗。

10 將重點植栽之虹之玉插穗，間隔均衡地插入座台。

11 使用鑷子，將大唐米插穗插入空隙。

Memo

種植之後的照護

養在光線充足的窗台邊，或養在日照充足的室外，栽種10天之後開始給水。若植株因長高變形崩壞，可予以修剪或換盆種植。

種植技巧請見 P.13

recipe 7

聖誕節的小小聖誕樹

★★…簡單

Ⓐ景天屬 龍血景天
Ⓑ景天屬 白霜
Ⓒ景天屬 高加索景天
尺寸 直徑8.5cm・高1.6cm

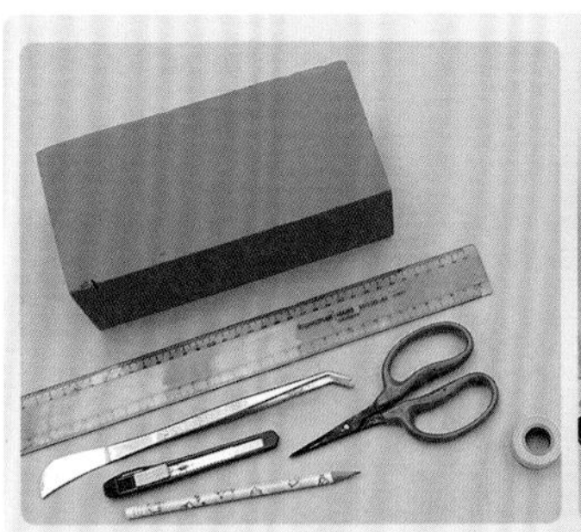

材料＆工具

吸水海綿（插花使用）
尺・剪刀・鑷子・美工刀
鉛筆・紙膠帶・星星之類的飾品

苗株：景天屬 龍血景天
景天屬 白霜
景天屬 高加索景天

1 距吸水海綿邊角5cm處，垂直描出5cm的長方體。

2 以美工刀切開海綿，上側為5×5cm的長方體。

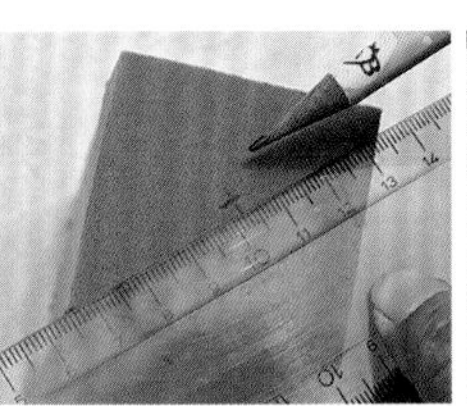

3 畫出對角線、於中心點作記號並以此為圓心，畫出一直徑1cm圓形。

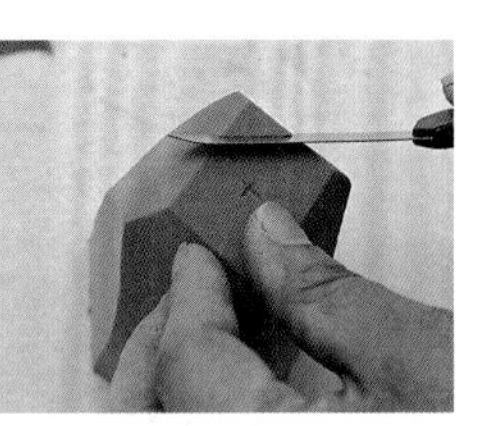

4 斜削四處邊角，將方柱削成圓錐形。將頂端削成直徑1cm的圓形。

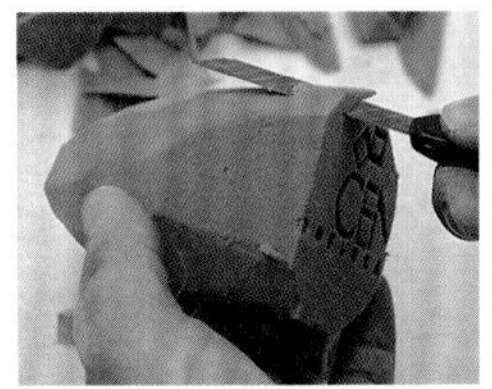

5 將整體海綿削成接近圓錐形，並去除底部側邊的邊角。

6 頂端保留直徑1cm的圓形，將整體修飾成圓潤感的圓錐形狀即完成。

7 使用紙膠帶，從頂端往下斜斜地環繞一圈，以能插入苗株為準。

8 莖幹保留2至3cm下剪，摘掉莖幹下方葉片，作成莖幹長7至8mm的插穗。

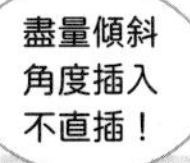

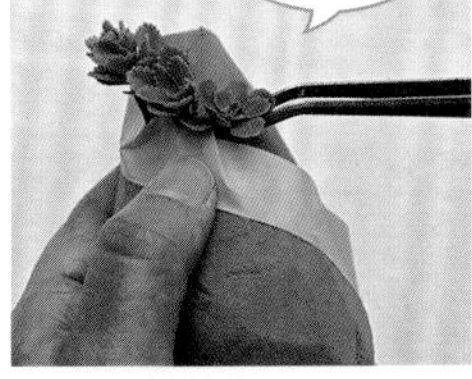

9 以鑷子將插穗夾起，沿著紙膠帶，將插穗牢牢插入其中。

10 插完一圈，取下紙膠帶，以相同的手法插入其他插穗。

11 全都插好之後，頂端放上星星之類的飾品，以鐵絲固定。

Memo

種植之後的照護

擺在明亮的窗台邊，或陽光充足的室外照護，植入10天後開始澆水。如果植株因長高而變形崩壞，可予以修剪或換盆種植。

recipe 8

聖誕節的迷你餐點

★…非常簡單

Ⓐ景天屬 虹之玉錦
Ⓑ景天屬 大唐米
Ⓒ景天屬 銳葉景天

尺寸 **底座大小：**
直徑5cm・高2.3cm

材料&工具

不鏽鋼絲 粗0.55cm×15cm
小顆串珠：大約20顆・吸水海綿
星型蛋糕模・剪刀・美工刀
鉛筆・鑷子・尺

苗株：景天屬 虹之玉錦・景天屬 大唐米
　　　景天屬 銳葉景天

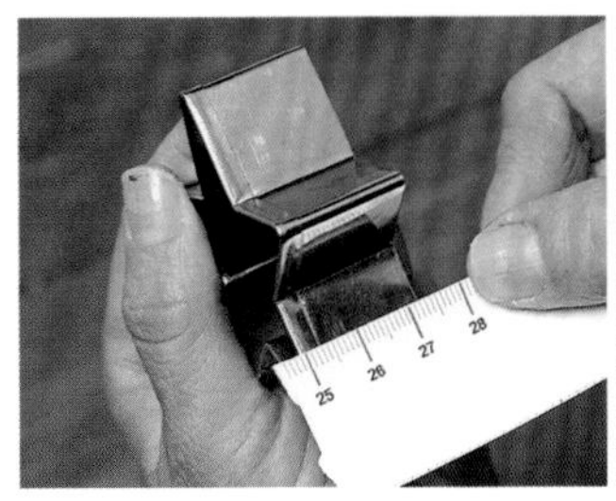

1 以尺量出蛋糕模的厚度，此模型的厚度為2.3cm。

2 以鉛筆在吸水海綿上作記號，以美工刀沿2.3cm處切下。

3 將餅乾模從上向下壓入步驟**2**中，將模型連海綿拔出。此為種植苗株用的底座。請勿沾到水。

4 從大唐米與銳葉景天頂端2cm處剪下，摘除下葉，露出約5mm的莖幹，作插穗狀。

5 將大唐米插入模型中，在模型尖端與凹陷處等空隙，插上銳葉景天。

6 從盆中取出一支虹之玉錦，剪掉根部作成插穗。以鑷子將之植入步驟**3**中間，調整均衡。

7 取長15cm的鐵絲，穿入約20顆小圓串珠。將串珠挪到鐵絲中間，捲成一圈後，將尾端鐵絲旋轉扭緊。

8 將步驟**7**作好的裝飾品，插入步驟**6**的組盆中，即完成。

Memo

種植之後的照護

養在日照充足的戶外，或養在室內的窗台邊，給水的部分，種植10天後開始澆水。每星期濕潤海綿一至兩次。如果植株長太高，則予換盆種植。

recipe 9

聖誕節的杯子蛋糕

★…非常簡單

Memo

種植之後的照護

養在陽光充足的室外，或養在室內的窗台邊。每星期一至兩次，以噴霧器在上午少量給水。若植株長得太長，可予以修剪或換盆種植。

Ⓐ風車草×景天屬 秋麗
Ⓑ景天屬 黃金萬年草

尺寸 直徑6cm・高2cm

材料＆工具

瑪德蓮烤模・野薔薇果實
鑷子・沸石
多肉植物用土・填土器

苗株：風車草×景天屬 秋麗
景天屬 黃金萬年草

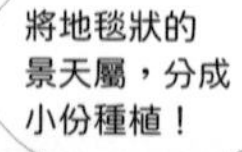

1 在瑪德蓮烤模中鋪上一層沸石，以填土器剷入大約深1cm的用土。

2 先將景天屬的根盆減量後，放入步驟**1**，邊緣處以鑷子進行栽植。

3 將風車草×景天屬根部的泥土輕輕撥除，以鑷子將根部插入步驟**2**的中央。

4 將野薔薇果實連莖一起剪下，插入步驟**3**中，作為裝飾。

Part 5

推薦製作
組合盆栽的
多肉植物圖鑑×76

●本圖鑑使用方式

接下來介紹的多肉植物，不僅便於製作組盆，且與其相輔相成、相得益彰。

本篇將性質相近者歸類，並彙整生長模式及給水頻率，提供種植參考。

以下將就刊載品種之特徵及其栽種的祕訣，進行說明。

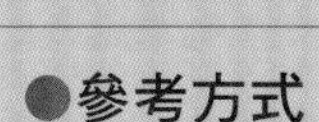

●參考方式

生長類型　請參閱P.124至P.126。

給水　依不同季節給予次數不一。

將組合盆栽分成5大部分。
請參考下面的插圖，
一起作出勻稱好看的組盆吧！

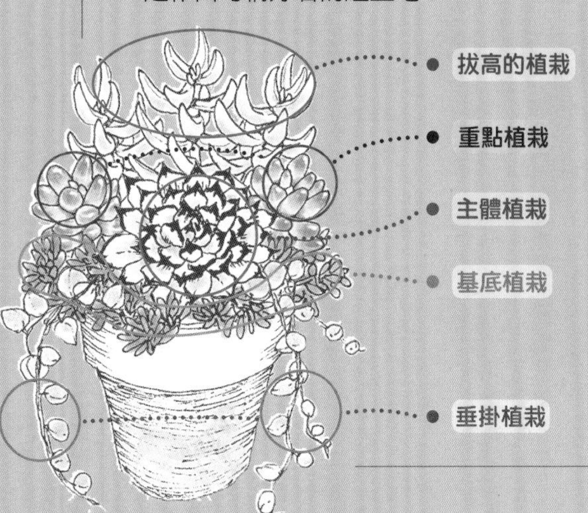

蓮花掌屬 *Aeonium*

景天科／生長類型 ● 冬型

黑法師

主體植栽　拔高的植栽

葉色別緻，樣式獨特。若是日曬不足，將會有徒長的現象，葉色也將變淡。因不耐高溫潮濕，夏天時，適合養在通風處照護。秋至春季，每星期澆水一次。

繁殖方式 ● 扦插法・分株法

清盛錦

主體植栽

新芽轉黃，葉緣有粉紅色覆輪。形體稍小，莖幹也細。夏天是休眠期，宜節制給水，並養在陰涼處。秋至春季，每星期澆水一次。

繁殖方式 ● 扦插法・分株法

花蔓草屬 *Aptenia*

番杏科／生長類型 ● 夏型

花蔓草錦

重點植栽　垂掛植栽

葉片帶有明顯的斑點，初夏至秋天，開出粉紅的花朵。體質強健，容易繁殖，也相當適合作為地被植物。不太耐寒。冬季時，每月澆水一到兩次。

繁殖方式 ● 扦插法・分株法

擬石蓮花屬 *Echeveria*

景天科／生長類型 ● 春秋型

立方霜

主體植栽

以厚實葉形最具特徵。長著帶粉紅色的灰色葉，紅葉時期粉紅色澤更深濃。體質強健，容易繁殖。澆水以春、秋季一星期一次，夏、冬季一個月一次為大致基準。

繁殖方 ● 葉插法

擬石蓮花屬 *Echeveria*

銀明色

主體植栽

春季至入秋期間長著銀灰色葉，紅葉時期轉變成帶粉紅色的灰色葉。體質強健，側芽長出子株就會增加頭數，可栽培成大株。

繁殖方式 ● 葉插法・分株法

金色光輝

主體植栽

生長期葉片由綠色轉變成黃綠色，紅葉時期由葉緣開始變紅。體質強健，容易栽培的品種，植株基部陸續長出子株，欣欣向榮地生長，爆盆長成群生狀大型盆栽。

繁殖方式 ● 葉插法・分株法

擬石蓮花屬 *Echeveria*

紫蝶

主體植栽

擬石蓮花屬原種之一。長著粉紅色葉，狀似荷葉邊，十分漂亮，紅葉時期轉變成紫色。缺水時容易引發介殼蟲。夏季移往半遮蔭場所，需節制給水。

繁殖方式 ● 分株法

白牡丹

主體植栽

白色的葉片，井然有序地排列成蓮座形。注意夏季氣候悶熱。若是日照不足，將導致植株徒長，因此要給予充足日照。從春天到夏天，花莖抽長，綻放出黃色的花朵。

繁殖方式 ● 葉插法・分株法

特葉玉蝶

主體植栽

葉片呈藍灰色，葉面覆有白粉，呈反捲姿態，植株樣式獨特。品種強健。以子株繁殖。葉尖起皺，則予給水。夏天悶熱易傷及植株，應節制給水。

繁殖方式 • 葉插法・分株法

花月夜

主體植栽

別名Crystal，花麗與月影的交配種。紅葉時期葉緣染紅。植株基部長出子株後增加頭數。春季抽出花莖，開黃色花。

繁殖方式 • 葉插法・分株法

圓葉青大和

主體植栽

不同於原種青大和，以厚實硬挺圓形葉最具特徵。紅葉時期葉緣轉變成鮮紅色。春季抽出花莖，綻放橘紅色花。

繁殖方式 • 葉插法・分株法

女雛

重點植栽

深秋葉片轉紅，紅色葉緣相當好看。以子株繁殖，可進行分株。不耐高溫潮溼，夏季宜養在涼爽的地方照護。因日照不足容易導致徒長，尚請留意。

繁殖方式 • 葉插法・分株法

厚敦菊屬 *Othonna*

菊科／生長類型 ● 冬型

黃花新月的花

黃花新月

主體植栽　垂掛植栽

又稱紫月，細長的葉子長出來，長長地、垂下來。光線充足時葉片會變為深紫色，春天至秋天會綻放出黃色的花朵。關東以西可以在室外過冬，相當強健，容易照護。

繁殖方式 ● 扦插法・分株法

瓦松屬 *Orostachys*

景天科／生長類型 ● 夏型

子持蓮華

重點植栽

屬花月的小型種，秋冬季時葉緣轉紅。不僅耐熱，也很耐寒，品種強健。無論將它養在室外，或室內光線充足的窗台邊，都能長得很好。宜乾燥的環境為佳。生長類型為夏型種。

繁殖方式 ● 扦插法・分株法

伽藍菜屬 *Kalanchoe*

景天科／生長類型 ● 夏型

月兎耳

重點植栽　拔高的植栽

特徵為葉狀形似兔，葉上密布白色絨毛。葉緣有彩色的斑點，俏皮可愛。雖不耐高溫潮溼，但耐寒性頗佳。因植株怕悶，宜養在通風處照護，並節制給水。

繁殖方式 ● 葉插法・扦插法・分株法

福兎耳

重點植栽　拔高的植栽

葉片質感綿柔，葉表密布白色絨毛，冬季葉色更加雪白。花色也白。生長緩慢，植株小巧，株高約4cm，冬季需控水至幾乎斷水。接觸霜會軟塌，需留意。

繁殖方式 ● 葉插法・扦插法・分株法

伽藍菜屬 *Kalanchoe*

不死鳥

重點植栽　拔高的植栽

生長速度快，葉緣形成的幼芽、或插芽皆能繁殖。不喜歡潮濕的環境，要將它放在淋不到雨水處照護。秋天開出紅色花朵。抗寒能力弱，遇到霜凍就會軟塌。

繁殖方式 • 葉插法・扦插法・分株法

白銀の舞

重點植栽

覆蓋著白色粉末的葉子、在春天時會開出粉紅色的花朵。若植株亂長失序，可進行修剪。留意夏季氣候悶熱，需移至涼爽半日照處照護。氣候溫暖地區可越冬季。

繁殖方式 • 扦插法・分株法

青鎖龍屬 *Crassula*

景天科／生長類型 ● 夏型、冬型、春秋型

銀箭

拔高的植栽

它的特色為胖胖的葉片上面，長有細細的白毛。生性怕悶，請擺放在通風良好的環境，並留意夏季炎熱潮溼的氣候，及冬季結凍的問題。生長類型為春秋型。

繁殖方式 • 扦插法・分株法

長頸景天錦

重點植栽

葉片呈黃綠斑錦交雜，油亮有光澤，葉緣呈鋸尺狀，莖幹抽長轉紅。生性強健，耐熱亦耐旱。若植株長太長，可加以修剪整理，剪下的部分可以作成插芽。生長類型為夏型。

繁殖方式 • 扦插法・分株法

青鎖龍屬 *Crassula*

筒葉菊

拔高的植栽

綠葉聳然向天，樣式相當獨特，植株長成猶如灌木。從修剪處分叉成長。養在日照充足・通風良好的室外照護。非常耐熱、耐寒，強健且容易照護。生長類型為夏型。

繁殖方式 • 扦插法・分株法

姬花月

重點植栽

屬花月的小型種，冬季葉緣轉紅。耐熱亦耐寒，放置室外或室內光線充足的窗台邊，都能長得很好。放置於稍微乾燥的環境照護為佳。生長類型為夏型。

繁殖方式 • 扦插法・分株法

青鎖龍屬 *Crassula*

火祭

重點植栽

秋季開出白色球狀花朵，冬天葉色鮮紅。養在陽光充足，稍微乾燥的環境。品種強健，可在屋外過冬，寒帶地區除外。剪下莖幹扦插法繁殖。生長類型為春秋型。

繁殖方式 • 扦插法・分株法

紅稚兒

重點植栽

秋冬之際，葉片轉紅，白色的小花，就像金平糖般討人喜歡。耐寒耐熱，生性強健，容易培育。養在向陽通風、稍微乾燥的環境照護為佳。生長類型為夏型。

繁殖方式 • 扦插法・分株法

青鎖龍屬 *Crassula*

若緑

拔高的植栽

葉片排列緊密呈鱗片狀。適時修剪後，會從修剪處會長出側芽。適合養在淋不到雨、環境乾燥、有日照的室外。冬天留意下霜或結凍。生長類型為春秋型。

繁殖方式 ● 扦插法・分株法

小酒窩錦

基底植栽

葉片有白色的覆輪及粉色葉緣 ，精緻可愛。植株抽長時宜細心修剪。養在陽光充足、淋不到雨的室外，夏季留意過度潮濕、冬季預防霜害、結凍。生長類型為春秋型。

繁殖方式 ● 扦插法・分株法

風車草×景天屬 *Graptosedum*

景天科／生長類型 ● 春秋型

姬朧月姬

重點植栽

一年四季的模樣，就像一朵紅褐色的花兒。日照若是不足，葉色將轉綠並徒長。養在陽光充足的環境，是其照護的重點。生長旺盛，容易培育，繁殖容易。

繁殖方式 ● 扦插法・分株法・葉插法

秋麗

主體植栽

煙燻色的葉色，相當耐人尋味，天氣一旦變冷，葉片轉為橘紅色。品種強健，耐寒耐熱。屋外培育容易，春天會開出黃色小花。

繁殖方式 ● 扦插法・分株法・葉插法

風車草×景天屬 *Graptosedum*

小美人

重點植栽

甜美可愛，狀似小玫瑰的簇生型多肉植物。群生小型種，紅葉時期染成橘紅色。植株容易徒長，需要充分照射陽光。減少澆水。

繁殖方式 ● 葉插法・扦插法

風車草×擬石蓮花屬 *Graptoveria*

景天科／生長類型 ● 春秋型

艾格利旺

主體植栽

別名艾格利旺。長著淺粉綠色葉，葉片飽滿圓潤的多肉植物，紅葉時期葉緣呈粉紅色。春季開黃色花，夏季與冬季適合養在乾燥環境照護為佳。

繁殖方式 ● 葉插法・分株法

風車草×擬石蓮花屬 *Graptoveria*

黛比

主體植栽

黛比終年呈粉紅色，像花朵般，非常好看。容易長介殼蟲，要多加留意。接受充足日照的黛比，株型緊湊，顏色很漂亮。遇潮濕容易腐壞，留意保持環境通風，善加照護。

繁殖方式 ● 扦插法・分株法・葉插法

風車草屬 *Graptopetalum*

景天科／生長類型 ● 春秋型

朧月

主體植栽

朧月的葉色呈煙燻淡粉色。生性強健，容易照護，但梅雨至夏季間高溫多濕的氣候，要多加留意。它的模樣如花朵般，進入春季，莖幹伸展，綻放出白色的星狀花朵。

繁殖方式 ● 扦插法・分株法・葉插法

風車草屬 *Graptopetalum*

達摩秋麗

主體植栽　重點植栽

以飽滿厚實圓形葉最具特徵。體質強健，耐暑熱、耐寒能力都強。插葉就很容易繁殖。擺在不會淋到雨的場所，朝著植株基部澆水，避免澆濕葉片，悉心照料。

繁殖方式・葉插法・扦插法・分株法

墨西哥福桂樹

主體植栽　重點植栽

葉尾尖峭，葉呈簇生狀。走莖蔓延生長後長出子株，呈現群生狀態。剪下子株即可繁殖。不耐高溫潮濕，夏季與冬季需減少澆水。

繁殖方式・扦插法・分株法

銀波錦屬 *Cotyledon*

景天科／生長類型・春秋型

銀之鈴

重點植栽　垂掛植栽

紅葉時期葉尾會微微地轉成紅色。圓胖豆狀小葉惹人憐愛。隨著植株生長，枝條漸漸垂下。耐寒能力弱，冬季需移往室內或屋簷下悉心維護，需避免霜害。

繁殖方式・扦插法・分株法

景天屬 *Sedum*

景天科／生長類型・春秋型

銳葉景天

基底植栽　重點植栽

銳葉景天特徵，是有著尖尖的葉片，與黃色的新芽，日照一旦不足，葉色便會轉綠。生長快速，可經常修剪。相當耐寒，但要留意夏季氣候悶熱。

繁殖方式・扦插法・分株法・播種法

景天屬 *Sedum*

黃麗

重點植栽

黃麗又名「月之王子」。屬景天屬的大型種，生長快速，容易繁殖。稍不耐寒，葉緣會發紅。夏天的陽光曝曬易致受損，請放在半陰處照護，需注意排水。

繁殖方式 • 扦插法・分株法

乙女心

重點植栽

紅葉時期圓潤葉尾微微地轉變成紅色，十分可愛。耐寒能力比較強，但討厭夏季高溫潮濕。易長側芽。插芽就很容易繁殖。

繁殖方式 • 扦插法・分株法

景天屬 *Sedum*

佛甲草白覆輪錦

基底植栽

別名笹姬。密生針狀細葉，葉斑鮮明。體質極為強健，枝條修長。一到了冬季，白色葉斑轉變成粉紅色，呈現紅葉景象。討厭夏季悶熱。

繁殖方式 • 扦插法・分株法

虹之玉錦

重點植栽

夏天淡綠色的葉片，冬天時呈現出漸層的粉紅色。若日照不足，則容易徒長。不喜歡夏季悶熱及陽光直射，適合在通風良好的半陰處。

繁殖方式 • 扦插法・分株法・葉插法

景天屬 *Sedum*

珍珠萬年草

基底植栽 重點植栽

珍珠萬年草葉子小巧精緻，相當可愛。春天到夏天為深綠色，是它的特色，天氣一旦變冷，葉色便會轉紅。如果日照不足，將致生長緩慢。養在通風、稍微乾燥的環境照護為佳。

繁殖方式 • 扦插法・分株法・播種法

黃金萬年草

基底植栽 重點植栽

細緻而鮮綠色的葉片，給人明亮感的印象。植株低矮，繁殖容易。不耐高溫潮濕及強烈陽光直射，夏天時，請將之放在通風、稍微乾燥的半日照處，進行照護。

繁殖方式 • 扦插法・分株法・播種法

景天屬 *Sedum*

粉雪

拔高的植栽 重點植栽

新芽宛如撲上一層白粉。植株向上伸展。生長緩慢，耐暑熱、耐寒能力都比較強。喜愛日照充足與通風良好的環境。

繁殖方式 • 扦插法・分株法

白霜
（Sedum spathulifolium）

基底植栽 重點植栽

白霜的葉片覆蓋厚厚的白粉，春天到秋天呈灰綠色，冬季時，中間為白色，外緣為紫色。因不耐高溫潮濕的環境，夏季要養在通風涼爽的半日照處。梅雨季至秋季，在傍晚給水。

繁殖方式 • 扦插法・分株法

景天屬 *Sedum*

新玉綴
(Beer Hop)

主體植栽 重點植栽

新玉綴黃色葉片相當圓潤好看，任其生長會展延很長，可修剪進行扦插。生性耐熱，但是較不耐寒。春天至秋天之際，需養在日照充足的環境。

繁殖方式 • 扦插法・分株法・葉插法

大唐米

基底植栽

大唐米深綠色葉片小而厚，若是日照不足，便會有徒長的現象。耐熱也耐寒。品種強健，容易照護，相當耐旱。需留意夏季氣候悶熱。初夏的時候，綻放黃色的小花。

繁殖方式 • 扦插法・分株法・播種法

景天屬 *Sedum*

垂盆草

基底植栽 垂掛植栽

垂盆草自然下垂並且能延展得極長，也適合作為地被之用。冬天時，地上部分枯死，但根部殘留冬芽，新芽狀像小玫瑰，生長如藤蔓。宜在稍微乾燥的環境照護為佳。

繁殖方式 • 扦插法・分株法

姬星美人

基底植栽

葉片呈煙燻綠、纖細，卻相當強健，容易繁殖。不喜歡高溫潮濕，也不耐梅雨季至夏季的悶熱氣候，保持通風善加照護，是其培育的訣竅。

繁殖方式 • 扦插法・分株法・播種法

景天屬 *Sedum*

大姬星美人 紫霧

基底植栽

姬星美人的大型種，秋季至冬季呈現紅葉景象，葉色轉變成紫色。適合養在日照充足、通風良好、感覺乾燥的場所。初夏時節，開出淺粉紅色的花朵。

繁殖方式 • 扦插法・分株法・播種法

龍血

重點植栽

龍血的葉色終年皆呈紅銅色，一入秋更是愈發紅豔。耐熱耐寒，品種強健，容易照護。入冬葉片略縮。注意昆蟲及象鼻等危害。

繁殖方式 • 扦插法・分株法

景天屬 *Sedum*

三色葉

重點植栽

特色是粉紅覆輪錦斑葉片，氣溫一降低，就會轉成深粉色，氣溫一升高，就變成白色。莖幹若是抽高，可予以修剪。耐熱、耐寒，非常強健，但冬天葉片會縮小。耐旱。

繁殖方式 • 扦插法・分株法

春萌

重點植栽

春萌嫩綠色的葉片，肥厚討喜。耐寒也耐熱。喜歡陽光，日照不足便會徒長。夏季時葉片容易被曬傷，要放在明亮的半日照處照護。春天開出白色的花朵，帶有香氣。

繁殖方式 • 扦插法・分株法

景天屬 *Sedum*

黃金細葉萬年草

基底植栽

黃金細葉萬年草植株呈鮮綠色，很像薄雪萬年草，但葉色沒有變化。強健、容易繁殖，但不耐氣候高溫高濕。初夏時節，開出許多白色的花朵。

繁殖方式 ● 分株法・扦插法・播種法

薄雪萬年草

基底植栽　重點植栽

薄雪萬年草翠綠的葉片，天氣變冷，就會轉成漂亮的紫色。因不耐高溫潮濕的氣候，夏天適合養在通風的半日照處。初夏時節，綻放許多白色的花朵。

繁殖方式 ● 分株法・扦插法・播種法

景天屬 *Sedum*

斑葉圓葉景天

基底植栽　垂掛植栽

為圓葉景天的錦斑種，葉緣有白色覆輪。圓葉如爬蔓延伸，也可作為地被之用。不僅耐熱也耐寒，生性強健、容易繁殖。初夏時節，綻放出黃色花朵。

繁殖方式 ● 扦插法・分株法

虹之玉

重點植栽

虹之玉的圓葉肥厚可愛，入冬愈發紅豔美麗。日照不足將致徒長。品種強健、容易照護。具耐寒性，若無結凍之虞，可放在屋外過冬。

繁殖方式 ● 扦插法・分株法・葉插法

景天屬 *Sedum*

松之綠

重點植栽

在景天屬中屬大型種，直徑大約為5cm。植株本身散發松樹脂般的香味。天氣寒冷時，葉緣會轉成紅棕色。春天開出粉紅色的花朵。生長緩慢，不耐炎熱潮濕。

繁殖方式 ● 扦插法・分株法・葉插法

相府蓮

重點植栽

煙燻般灰綠色簇生型多肉植物，紅葉時期葉片帶粉紅色，十分可愛。子株增長後呈現群生狀態。夏季減少澆水，擺在半日照環境悉心照料。

繁殖方式 ● 扦插法・分株法

景天屬 *Sedum*

圓葉景天

基底植栽　垂掛植栽

長著圓形葉片，枝條匍匐似地生長，組合種植構成垂掛植栽，最賞心悅目，也適合庭園栽種與作為地被植物。耐暑熱、耐寒能力都強，容易栽培的強健種多肉植物。

繁殖方式 ● 扦插法・分株法

銘月

重點植栽

葉色鮮黃，具有光澤感，紅葉時期帶橘色，成為組合盆栽的重點植栽。夏季直射陽光容易出現葉燒現象，需移往半日照場所為佳。植株容易向上伸展。

繁殖方式 ● 扦插法・葉插法・分株法

景天屬 *Sedum*

松葉佛甲草

基底植栽

松葉佛甲草葉片為嫩綠色，初夏時節花莖伸展，綻放黃色的花朵。性喜陽光，半日照處也能生長。強健、耐熱耐寒，非常強健，容易繁殖。花朵盛開後，剪掉花梗為佳。

繁殖方式 ● 扦插法・分株法・播種法

大薄雪

基底植栽

以小巧厚實的淺粉綠色葉最具特徵。冬季轉變成淡淡的粉紅色，呈現紅葉景象。春季抽出花莖，開滿白色星形花。耐暑熱、耐寒能力都強，容易栽培。

繁殖方式 ● 播種法・扦插法・分株法

擬石蓮花×景天屬 *Sedeveria*

景天科／生長類型 ● 春秋型

柳葉蓮華

重點植栽

縱長型葉呈簇生狀態，植株向上伸展。耐夏季暑熱能力稍弱，需留意。紅葉時期葉色略帶橘色。植株容易徒長，需要充分照射陽光、乾燥的地方。

繁殖方式 ● 扦插法・葉插法・分株法

White Stonecrop

重點植栽　基底植栽

長著珠圓玉潤，略帶灰色的淺綠色葉。秋冬時期如上圖轉變成紫紅色。葉插法就很容易繁殖。草姿小巧端正，十分可愛。過度生長時進行縮剪，調整株姿。

繁殖方式 ● 扦插法・葉插法・分株法

擬石蓮花×景天屬 *Sedeveria*

Blue Burrito

重點植栽

長著略帶藍色的霧綠色葉，植株向上伸展。照射強烈直射陽光，容易出現葉燒現象，夏季需要移往半日照環境，盛夏期間與冬季減少給水。春季開黃色花。

繁殖方式 • 扦插法・葉插法・分株法

綠焰

主體植栽　重點植栽

長著黃綠色葉的簇生型多肉植物，紅葉時期由葉緣開始轉變成紅色。植株周圍長出子株增加頭數。體質強健，容易栽培。夏季與冬季減少澆水。日照不足時，容易徒長。

繁殖方式 • 扦插法・葉插法・分株法

千里光屬 *Senecio*

菊科／生長類型 ● 春秋型、冬型

綠之鈴

垂掛植栽

綠之鈴的模樣猶如珍珠項鍊。不耐夏季陽光直射及高溫潮溼，要擺在通風的半日照處照護。葉片起皺時給水。肥料若是用罄，葉子將轉黃並縮小，養護祕訣在於使用稀釋液態肥料。

繁殖方式 • 扦插法・分株法・葉插法

綠之鈴錦

垂掛植栽

以不規則分布的白色葉斑最美。喜愛水分，但不耐潮濕悶熱。不宜夏季直射陽光與高溫潮濕。春季綻放白色半球狀花，十分獨特。

繁殖方式 • 扦插法・分株法・葉插法

千里光屬 *Senecio*

蔓花月

重點植栽　垂掛植栽

體質強健，紅葉時期帶紫色的多肉植物。隨著植株生長而呈現垂掛狀態。喜愛日照充足與通風良好的場所。夏季需要移往半日照場所。夏季與冬季需減少澆水。

繁殖方式 • 扦插法・分株法

吊燈花屬 *Ceropegia*

夾竹桃科／生長類型 ● 夏型

愛之蔓錦

垂掛植栽

愛之蔓的葉片為心形，藤蔓延展。花朵為不顯眼的壺形。冬天溫度逾5度即可過冬，可以移至室內照護。不喜歡陽光直射，因此要放在半日照處養護。不耐環境過溼，需注意給水。

繁殖方式 • 分株法

長生草屬 *Sempervivum*

景天科／生長類型 ● 冬型

上海玫瑰

主體植栽

雖然相當耐寒，但不耐環境高溫潮濕，夏季需節制給水，並把它移到遮雨的屋簷下等，通風陰涼的半日照處，進行照護。植株四周長出子株，可進行分株繁殖。

繁殖方式 • 分株法

十二卷屬 *Haworthia*

阿福花科／生長類型 ● 春秋型

寶草

主體植栽

葉片厚質水嫩，是寶草的特徵。它長於光線充足的半日照處，可養在室內的窗台邊。夏季和冬季為休眠期，因此需節制給水。冬季溫度需維持在5度以上。植株四周長出子株，可進行分株繁殖。

繁殖方式 • 分株法

厚葉草屬 *Pachyphytum*

景天科／生長類型 ● 春秋型

月美人

主體植栽 重點植栽

月美人的葉片粉紅飽滿，相當引人入勝。養在戶外陽光充足之處。給水於根部，不要直接澆在葉片上。生長速度慢，但可以葉插法輕鬆繁殖。夏天節制給水，注意悶熱。

繁殖方式 ● 扦插法・分株法・葉插法

群雀

主體植栽 重點植栽

葉片厚實，葉表覆蓋著白粉，葉色灰綠的多肉植物。不耐高溫潮濕，夏季需要移往涼爽的半遮蔭場所。莖部太長時進行修剪，植株基部長出子株後呈現群生狀態。

繁殖方式 ● 扦插法・分株法・葉插法

厚葉石蓮屬 *Pachyveria*

景天科／生長類型 ● 春秋型

朝之霜

主體植栽

又稱粉撲。灰綠色略帶藍色葉片表面覆蓋白色粉末。不耐夏季高溫潮濕。春和秋季每週澆水一次，夏和冬季則每月澆水一次。

繁殖方式 ● 葉插法・分株法

馬齒莧屬 *Portulacaria*

刺戟木科／生長類型 ● 夏型

雅樂之舞

重點植栽 拔高的植栽

長著圓形斑葉，秋季葉緣呈現漂亮紅葉景象。喜愛日照充足與通風良好環境，耐夏季暑熱能力強，但不耐寒，接觸霜就枯萎，冬季需要移往屋簷下或室內悉心照料。

繁殖方式 ● 扦插法・分株法

Part 6

製作組盆時的方便小物及用法・多肉植物培育方法

製作漂亮組盆的工具、
便利的DIY好物、
完美完成的作業重點，
都已整理在本章節當中。
並將為你介紹各種
實用的多肉植物培育祕訣！

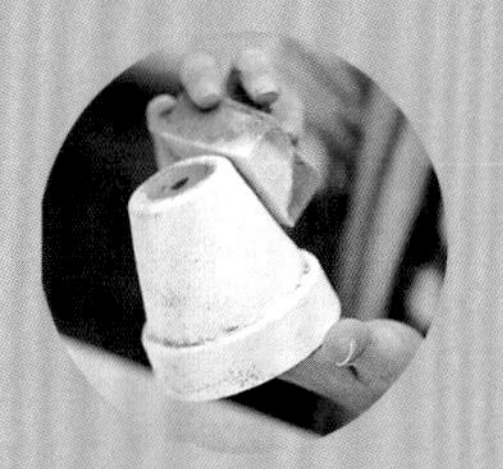

製作組合盆栽的推薦好物

以下要介紹製作多肉組合盆栽
必備的用具及材料。

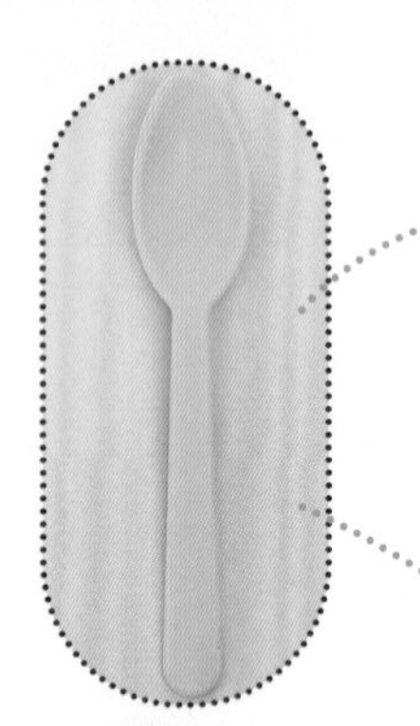

湯匙

可將用土或材料放入比較狹隘處，也可用來鋪放化妝砂。

化妝砂會讓庭院式盆景、玻璃盆景更加好看。鋪在欲覆蓋用土之處。

化粧砂

白色或褐色方便使用。鋪在需覆蓋用土之處。

要將少量沸石、化妝砂放入狹隘處時，使用湯匙比較方便。

沸石

可淨化水質，防止根部腐爛。用在底部無排水孔的器皿，相當方便。使用Million或High-fresh（粉狀珪酸鹽白土），也有相同效果。

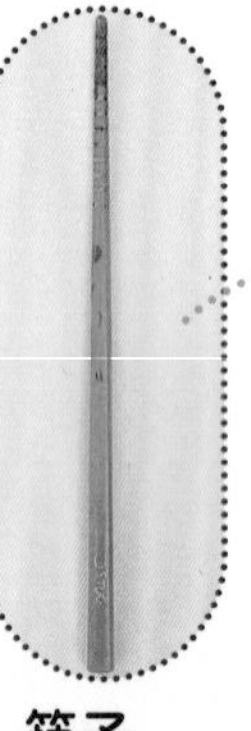

筷子

方便將材料插入狹隘處或縫隙裡。也可在塑膠袋上戳洞。

想要讓狹隘處的填土密實些，或要將土壤放入隙縫裡，使用筷子事半功倍。

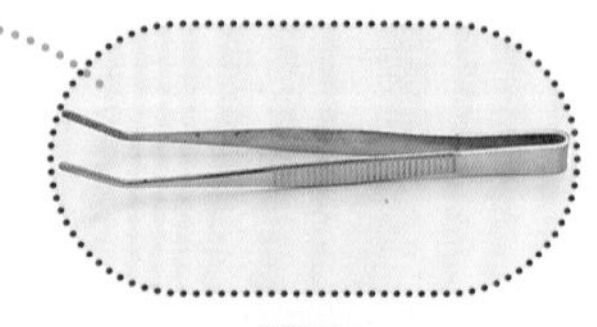

要種植小型的苗株，或要在狹小的位置種植苗株，鑷子為必備之物。

鑷子

栽種小型多肉植物之必備工具。也可用於插穗或栽培管理。

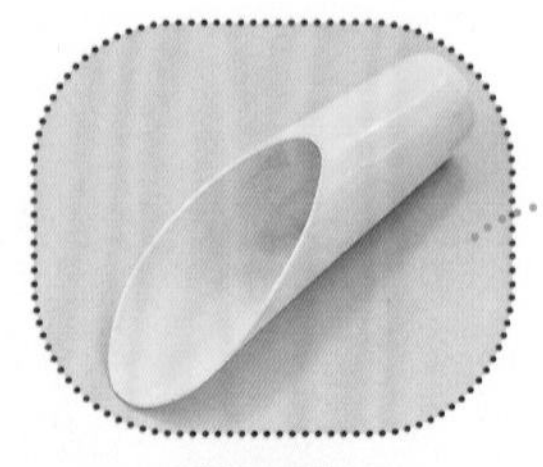

填土器

將用土剷入花盆或容器的必備工具。選擇小型的填土器，使用起來很方便。

製作組盆必備的工具。製作小型組盆時，使用小型的填土器，相當方便。

多肉專用黏性培養土(nelsol)

一款多肉植物專用土，加水攪拌就能凝固。可讓你隨意在壁掛或較斜的位置，栽種喜歡的多肉植物。

➡ P60

1 將培養土倒入容器，慢慢加水，戴上手套予以揉捏。具有黏性，將其揉捏至耳垂般的柔軟度。

2 將步驟**1**裝入種植的容器，輕輕按壓表面整平。

3 以鑷子夾住苗株，深插於用土中。

4 將苗株稍滿地植入其中，看起來很美。

在塑膠軟管裡植入水苔

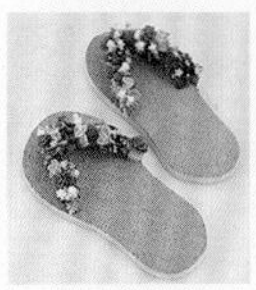

如果種植位置不便補水，或比較狹隘處時，水苔就相當好用。讓它大約吸水30分鐘，稍加擰乾便可使用。

➡ P42

1 以插穗的要領，苗株前端留長剪下。

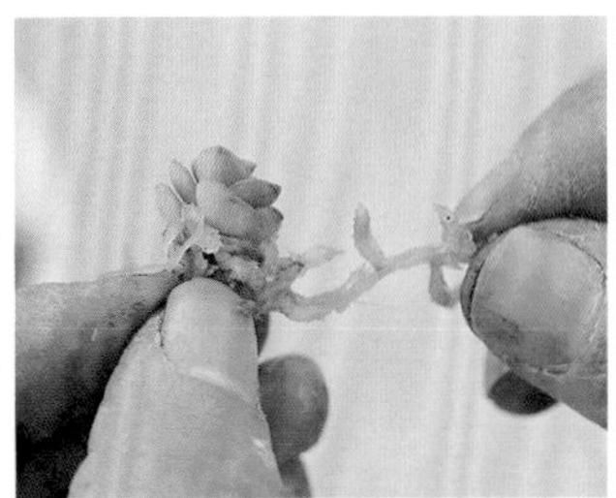

2 稍加摘取下方葉片，在莖幹的切口部位，捲上水苔。

3 以鑷子夾住步驟**2**的止捲處，並將其朝上。

4 打開塑膠軟管，將步驟**3**的下半截塞入其中。

5 依照相同方式，依序將苗株植入塑膠軟管裡。

簡易DIY的便利好物

以下這些方便好用的DIY商品，在雜貨店或五金賣場都能輕鬆買到。有了這些東西，一定能讓你大顯身手。

工具＆鐵絲等

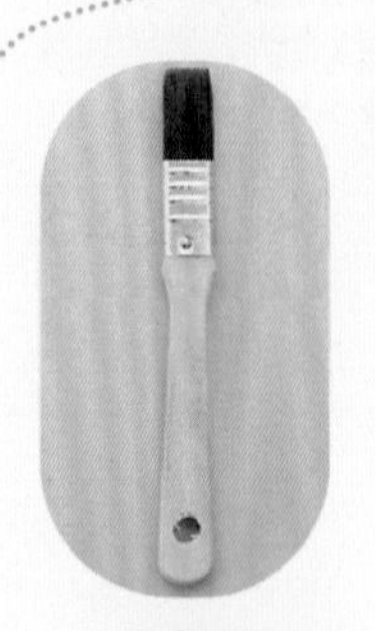

刷子

可用來塗刷壓克力顏料或底漆。建議使用尼龍製，寬2cm者。

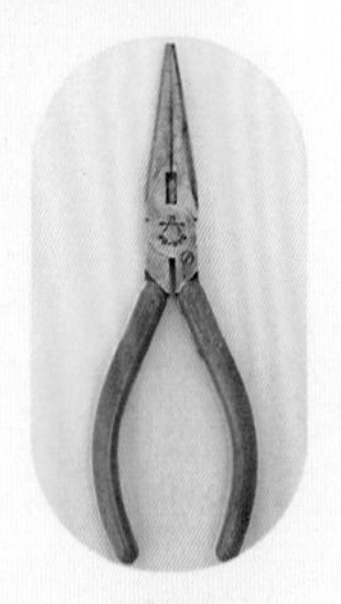

鉗子

以前端尖細的尖嘴鉗，剪斷或摺彎鐵絲，相當方便。

海綿

洗碗用海綿。將它分切之後沾上塗料，施作破壞加工，呈現出仿古風格。

鐵絲

表面塗層的盆栽專用鐵絲，不易生鏽，使用方便。

打磨砂紙

特意打磨表面，加工成仿古的風格。砂紙分成粗、中等、細。中等砂紙很好用。

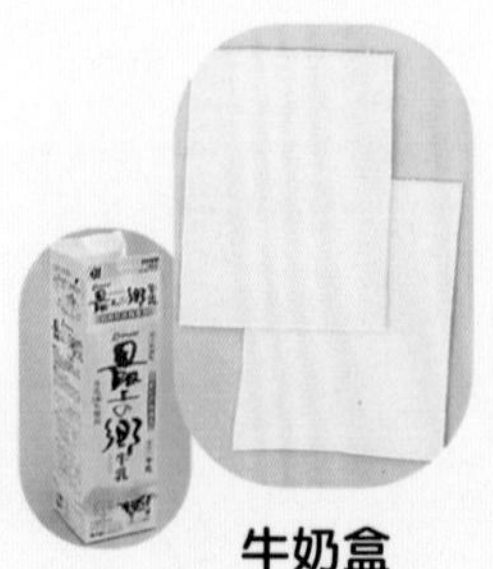

牛奶盒

牛奶盒洗淨剪開，作為上色時的調色盤。也可以當成放水泥的模具。

塗料等

壓克力顏料

塗上顏料便能一展全新形象。水性塗料容易塗抹，乾燥之後防水性隨之升級。

黑板漆

人氣塗料，雜貨店也能輕鬆購得。所塗之處如黑板一般。

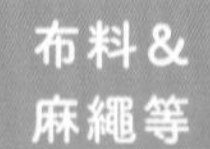

布料＆麻繩等

麻布

除用於進口豆類的麻袋之外，在五金賣場或園藝店裡，也有販售。

彩色麻繩

黃麻纖維製的，各種顏色的麻繩，雜貨店、手工藝店都能買到。

簡易DIY必備之基本作業要點

效果令人驚嘆的簡易重點
略施小技立即華麗變身

刷上黑板漆

這是一種方便的塗料，想要怎麼刷、想刷哪裡都行，塗面可以寫字。

➡ P34、36、58

1 使用乾布，將塗面的髒汙灰塵擦拭乾淨，以刷子均勻地刷上塗料。

2 等塗料乾透後再刷一層，塗面會更加持久耐用。以粉筆在塗面上寫字。

木板的破壞加工

塗上有色的清漆，再以砂紙進行打磨，呈現出仿古風格。

➡ P46、60

1 將水性清漆倒入豆腐空盒等容器，以刷子為六個塗面進行塗刷。

2 等清漆乾透之後，以砂紙進行打磨，呈現出陳舊的歲月感。

讓花盆呈現石灰牆般質感

混合壓克力顏料及磁磚填縫劑，塗刷在瓦盆上面，讓它呈現出石灰般的質感。

➡ P54

1 將大約等量的壓克力顏料及磁磚填縫劑，倒入豆腐的空盒中。

2 將步驟**1**略加攪拌，在燒製過的花盆上，大略上色。

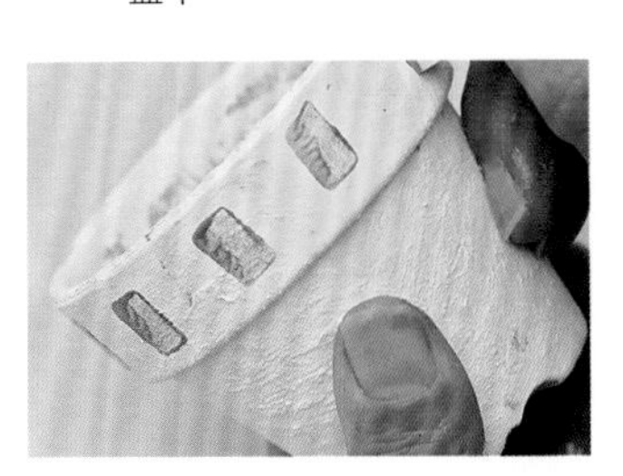

3 靜置至乾透。呈現表面凹凸，如石灰般的質感。

利用塗料 讓空罐呈現復古風

漆上填縫劑與壓克力顏料，讓空罐呈現仿復古風。使用海綿為作業重點。

➡ P58、60、64

1 使用鉗子，將空罐的切口夾扁，以免割傷手部。

2 以刷子均勻地刷上一層薄薄的填縫劑，待乾。以此方法就能為罐子上色。

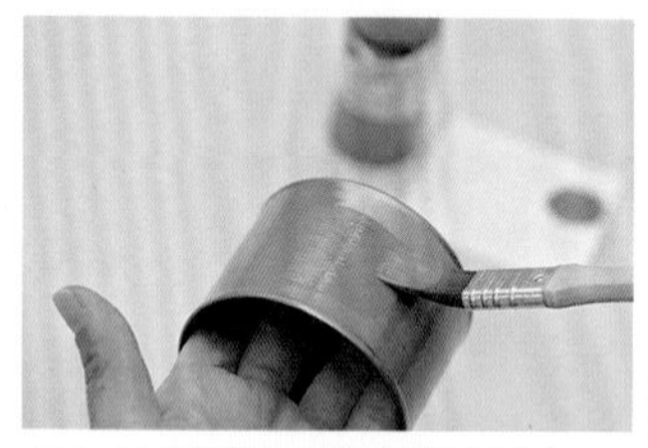

3 洗淨刷子，等步驟**2**乾透，在表層及罐緣內側，刷上壓克力顏料。

4 等步驟**3**乾透，將褐色壓克力顏料倒在牛奶盒紙片上，以海綿沾取顏料。

5 以空罐上下邊緣為中心，以海綿輕拍進行加工。

在瓦盆上 進行模版印染

模版印染，是以挖空厚紙板作業的印染方式。以壓克力顏料與海綿作業，印染在花盆上也相當簡單。

➡ P50

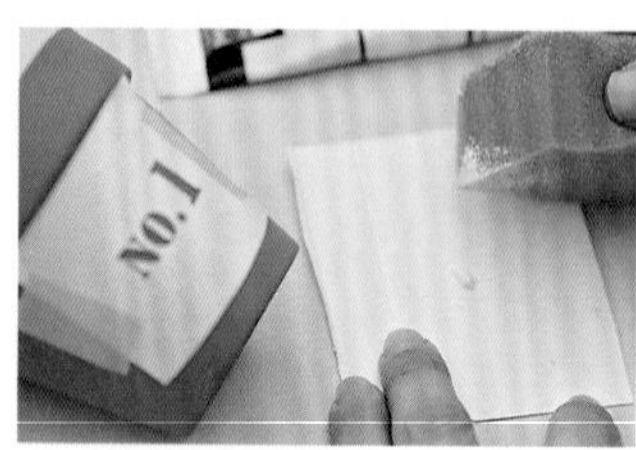

1 將要印染的數字或英文印在紙上，裁開紙張並挖空，以膠帶將紙張黏貼於待印處。

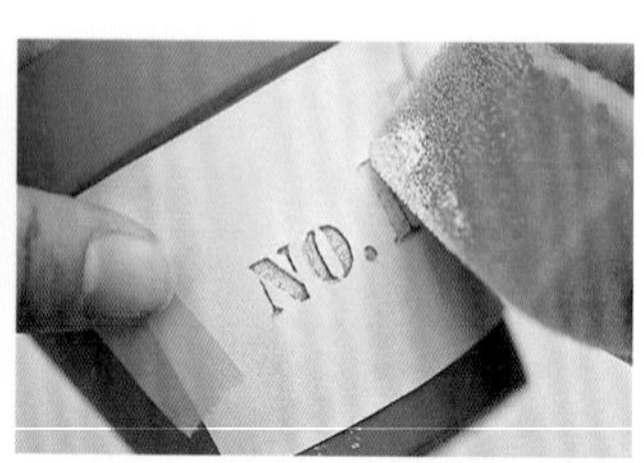

2 以海綿沾取壓克力顏料，由上往下輕拍，印上文字。

3 等壓克力顏料乾透，撕下膠帶脫模。

使用牙籤 在小空間作畫

以牙籤在小空間裡寫字或畫插圖，相當方便。

➡ P58

將壓克力顏料倒在牛奶盒紙片上，以牙籤頭沾上顏料寫字或繪圖。

以橡皮擦印章蓋章

將橡皮擦切開，依照喜歡的大小及形狀，製作成印章。

➡ P40、54

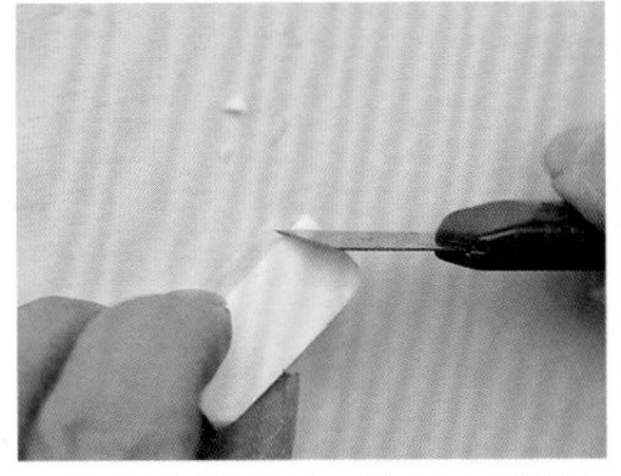

1 依自己喜好，以美工刀裁切橡皮擦，作成印章。邊角稍加裁切，會更好看。

2 將壓克力顏料倒在牛奶盒紙片上，以自製的印章，輕輕蓋上印章。

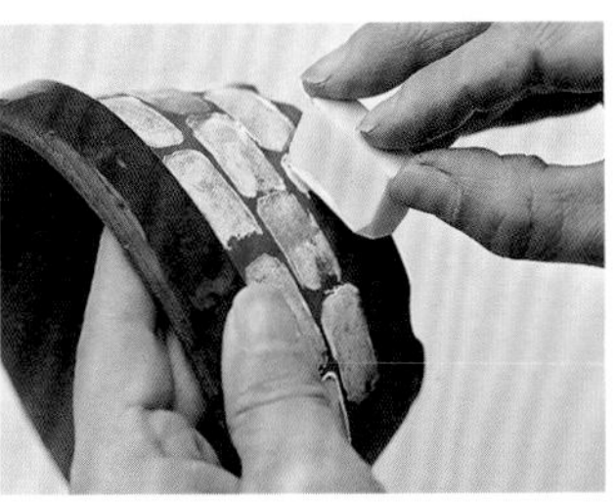

3 在要蓋章的位置蓋上印章，蓋出圖案。調整顏料濃淡度。

4 蓋至盆邊時，反過手腕蓋章。改變蓋章的方式，呈現不一樣的感覺。

為麻布或木質容器鋪上塑膠袋

麻布或木頭等質料的容器，比盆子或罐子更容易劣化，使用前先鋪上塑膠袋，會更加耐用。

➡ P22、28、38、40、62

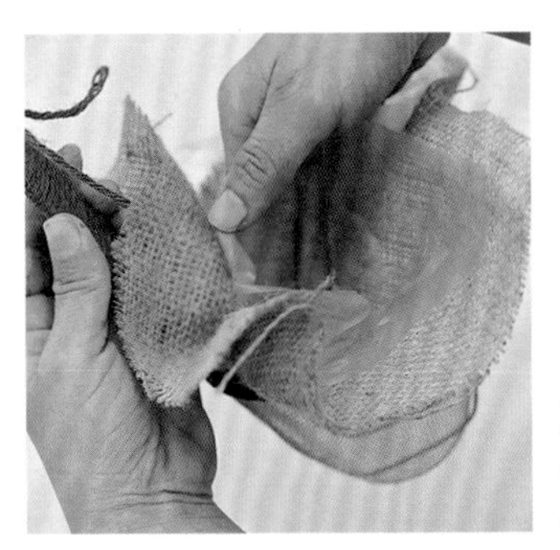

取大小與麻布略同的塑膠袋，在袋子上鑽幾個排水孔，鋪在麻布裡，再放入要添加用土的區域。

捲上彩色麻繩

將多彩、富質感的彩色麻繩，捲在單調的金屬、塑膠材質上，更加時尚好看。

➡ P38、46

以輔助膠帶或以單手壓住起捲處，層層捲繞，蓋住下方素材。

培育重點＆重新整理

來自世界各地，不同的環境的多肉植物。
依照其不同出處，照護方式各有不同。

放置的場所

多肉植物大多喜愛陽光。基本上要將它養在室外。擺在光線充足的窗台邊，而非陰暗的室內。若要放在室內欣賞，就要多花些功夫，白天要將其移至到戶外喔！
夏天適合養在通風處，冬天時則要擺在無暖氣的室內、光線充足的屋簷下。

擺在光線充足的屋簷下，夏天可以放在通風良好的窗台上。

常年喜好半日照的十二卷屬、帶錦斑的品種，經陽光直射，可能有枯萎之虞。

給水

多肉植物相當耐旱，它的葉片與莖幹，具保持水分及養份的功能，若是過度給水，恐有傷及植物及枯萎之虞。等表層的土壤乾透之後，大約再過三至四天，就可以澆水。一般建議在晴天上午給水，大約澆至盆底溢水即可。

可使用水壺澆灌用土，讓葉片不致積水。

若使用花器無排水孔，可先澆水大約30至50ml，傾斜花器，以紙張吸去多餘的水分。

組合盆栽的重新整理

因長高而崩壞變形的多肉組盆，若可幫它重新整理，整體外觀將更加好看，可以欣賞得更久。如果組盆的根部滿盆，可為其換盆種植，但若底孔未露出根部，建議只需簡單重新整理即可。

種植時間已超過一年，整體的狀態崩壞。

從抽高的莖幹下方約1/3處修剪，作成插穗狀，插入空隙。

地毯狀植株若是抽長，可剪下植株前端，插在較為稀疏的部分。

植株的高度已然變低，原本缺損稀疏的部分，也整理得相當濃密。

多肉植物簡易繁殖法

一起為多肉植物傳宗接代吧！
運用身邊的工具與用土，就能輕鬆搞定！

葉插法

只需摘下葉片，放在用土上，大約兩星期後，就會冒出小芽和根。適合擬石蓮花屬、景天屬、伽藍菜屬、青鎖龍屬等。於生長期進行施作。

1 摘下莖幹上的葉片，擺放在盛入用土的盆中。發芽之前都不用澆水。

2 等葉片發芽、根部抽長之後開始澆水。原來的葉子很快就枯萎了。

扦插法

保留長莖修剪，摘取下葉，插入用土。擬石蓮花屬、青鎖龍屬，要等到切口晾乾再行作業，但景天屬、蓮花掌屬、千里光屬則要立即插入用土。

1 剪下莖幹，作成插芽。保留長莖再修剪。

2 將景天屬等葉片細緻的植株，整理成一束，以鑷子夾住立起。

3 將莖幹深插於乾燥的用土，若該品種的葉片較大，請先摘取下葉再行施作。

4 不澆水放在淋不到雨水的半日照處，大約經過兩星期，發芽之後再給水。

分株法

適用於從母株長出許多子株的十二卷屬、擬石蓮花屬、長生草屬，及植株繁衍不斷的景天屬等。於生長期進行施作，分株法之後要立即給予足量的水。

1 以剪刀連根剪下幼株，根部盡量留長。

2 小心摘取下方受損葉片。盡量不要傷及幼株。

3 若植株過長不便種植，可以剪刀剪除沒有根的部分。

4 以鑷子深埋於土中，給予充足水分，養在半日照處。

多肉植物的生長週期

春秋型

景天屬 虹之玉

擬石蓮花屬
白牡丹

源自世界各處的多肉植物，現培育於日本者，主要分成三種生長模式。

生長於氣候溫和的春秋兩季，休眠於冬夏兩季的多肉植物，為春秋型。

許多種類都很適合製作組盆，即便是多肉植物，也可以接近花草的給水方式培育。源自熱帶及亞熱帶高原地區的多肉植物，稍不耐夏季高溫潮濕的氣候。冬天要留意下霜。

春秋型種主要種類

擬石蓮花屬
青鎖龍屬（部分）
景天屬
千里光屬（部分）
十二卷屬
厚葉草屬等

全年，需要適度給水

春秋型的生長模式

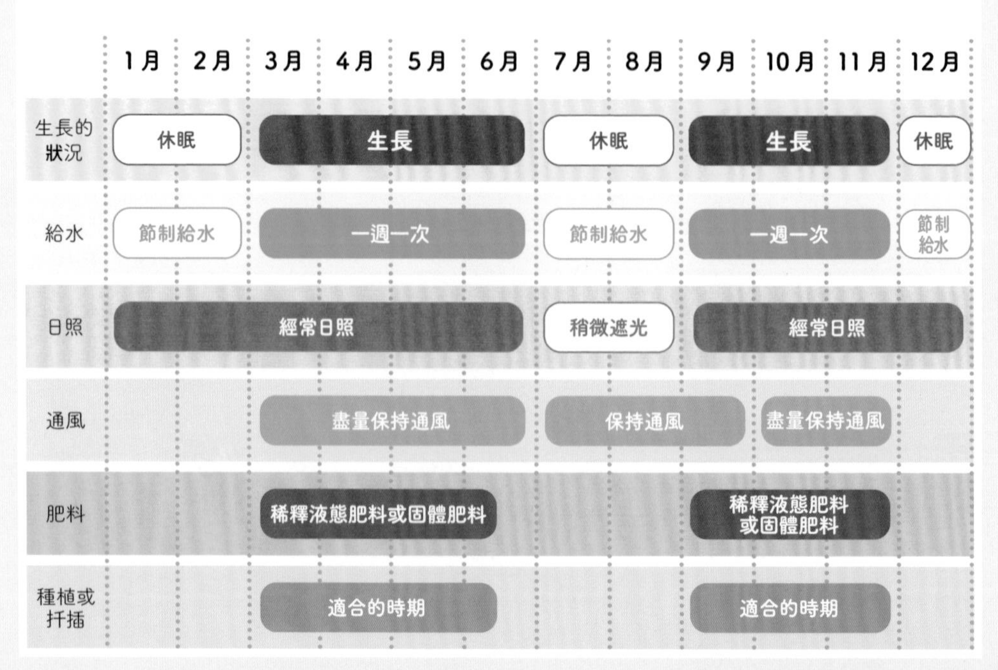

<table>
<tr><th></th><th>1月</th><th>2月</th><th>3月</th><th>4月</th><th>5月</th><th>6月</th><th>7月</th><th>8月</th><th>9月</th><th>10月</th><th>11月</th><th>12月</th></tr>
<tr><td>生長的狀況</td><td colspan="2">休眠</td><td colspan="4">生長</td><td colspan="2">休眠</td><td colspan="3">生長</td><td>休眠</td></tr>
<tr><td>給水</td><td colspan="2">節制給水</td><td colspan="4">一週一次</td><td colspan="2">節制給水</td><td colspan="3">一週一次</td><td>節制給水</td></tr>
<tr><td>日照</td><td colspan="6">經常日照</td><td colspan="2">稍微遮光</td><td colspan="4">經常日照</td></tr>
<tr><td>通風</td><td></td><td></td><td colspan="4">盡量保持通風</td><td colspan="3">保持通風</td><td colspan="2">盡量保持通風</td><td></td></tr>
<tr><td>肥料</td><td></td><td></td><td colspan="3">稀釋液態肥料或固體肥料</td><td></td><td></td><td></td><td colspan="3">稀釋液態肥料或固體肥料</td><td></td></tr>
<tr><td>種植或扦插</td><td></td><td></td><td colspan="3">適合的時期</td><td></td><td></td><td></td><td colspan="3">適合的時期</td><td></td></tr>
</table>

多肉植物的生長週期
夏型

伽藍菜屬 月兔耳

花蔓草屬
花蔓草錦

生長於春季、夏季、秋季，休眠於冬季的類型，為夏型。

源自熱帶地區，20至30°的溫度下長得特別好的多肉植物，多半屬於此類。因不耐冬日酷寒，氣溫5°以下，植株恐有受傷之虞。

請放在日照充足的屋簷下，或無暖氣空調的室內照護。因有些品種不耐日本夏季極端潮濕的氣候，盛夏時節要盡量維持通風乾爽。冬季為休眠期，無法吸收水分，請停止供水。

夏型種主要種類

龍舌蘭屬
花蔓草屬
瓦松屬
伽藍菜屬
銀波錦屬
吊燈花屬
馬齒莧屬等

冬天的休眠期
進行斷水

夏型的生長模式

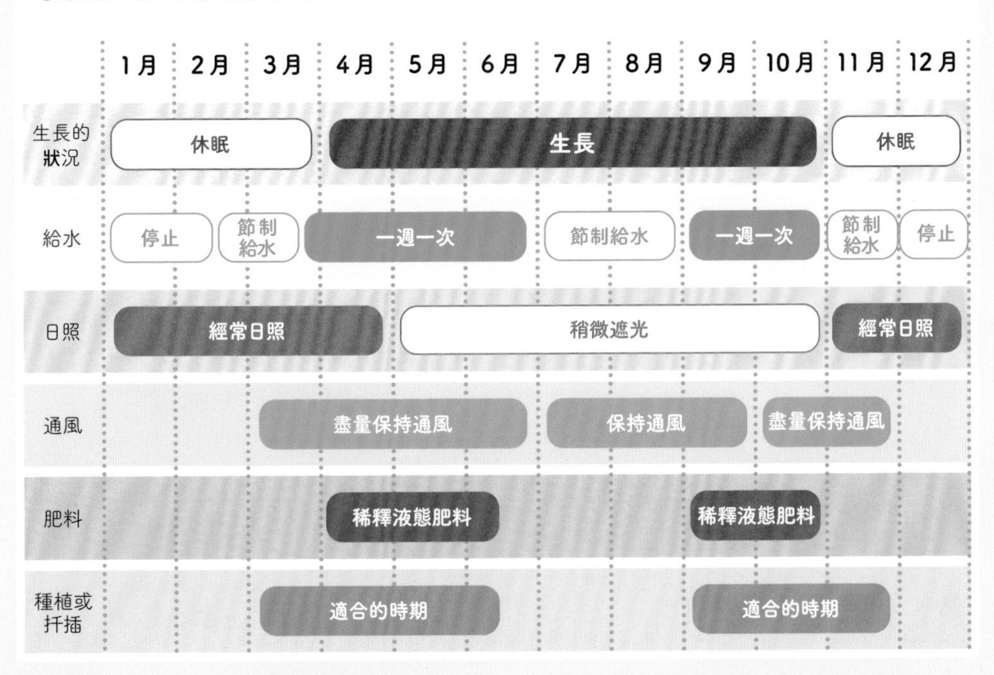

多肉植物的生長週期

冬型

生長於秋季至春季間，休眠於夏季者，為冬型。

源自冬季多雨的地中海沿岸、歐洲山地及南非高原等地，在5至20度的溫度下，長得特別好。

不喜歡日本夏季高溫潮濕的氣候。說是冬型種，卻也不是非常耐寒。遇霜即枯萎受損，要養在無暖氣空調的室內，或放在向陽的屋簷下照護。盛夏時節，需盡量維持環境通風涼爽。夏季為休眠期，請停止供水。

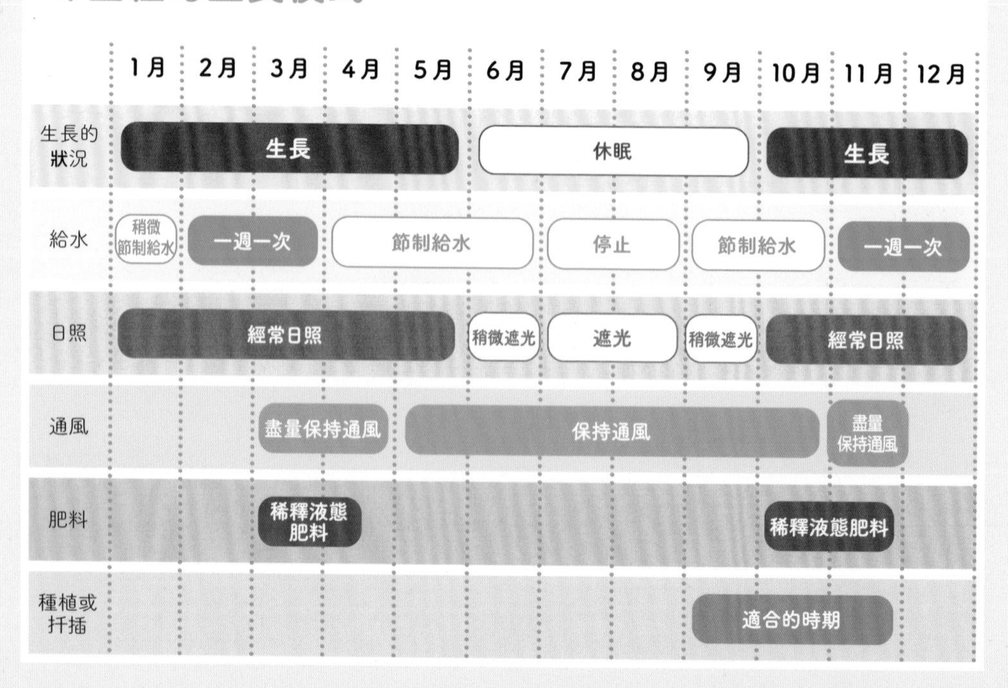

冬型種的生長模式

	1月	2月	3月	4月	5月	6月	7月	8月	9月	10月	11月	12月
生長的狀況	生長	生長	生長	生長	生長	休眠	休眠	休眠	休眠	生長	生長	生長
給水	稍微節制給水	一週一次	一週一次	節制給水	節制給水	節制給水	停止	停止	節制給水	節制給水	一週一次	一週一次
日照	經常日照	經常日照	經常日照	經常日照	經常日照	稍微遮光	遮光	遮光	稍微遮光	經常日照	經常日照	經常日照
通風			盡量保持通風	盡量保持通風	保持通風	保持通風	保持通風	保持通風	保持通風	保持通風	盡量保持通風	
肥料			稀釋液態肥料							稀釋液態肥料	稀釋液態肥料	
種植或扦插									適合的時期	適合的時期	適合的時期	

植物圖鑑索引

＊粗體字為屬名。

ア

蓮花掌屬 ……… 96
銳葉景天 ……… 104
花蔓草屬 ……… 96
艾格利旺 ……… 103
擬石蓮花屬 ……… 96
黃麗 ……… 105
虹之玉錦 ……… 105
乙女心 ……… 105
厚敦菊屬 ……… 99
佛甲草 ……… 105
朧月 ……… 103
瓦松屬 ……… 99

カ

雅樂之舞 ……… 114
伽藍菜屬屬 ……… 99
立方霜 ……… 96
銀箭 ……… 100
銀明色 ……… 97
青鎖龍屬 ……… 100
風車草×景天屬 ……… 102
風車草屬 ……… 103
風車草×擬石蓮花屬 ……… 103
綠之鈴 ……… 112
Crystal ……… 98
格利旺 ……… 103
黑法師 ……… 96
珍珠萬年草 ……… 106
黃金細葉萬年草 ……… 106
金色光輝 ……… 97
銀波錦屬 ……… 104
粉雪 ……… 106
子持蓮華 ……… 99

サ

笹姬（斑葉佛甲草） ……… 105
錦乙女 ……… 100
黃花新月 ……… 99
霜之朝 ……… 114
紫蝶 ……… 97
上海玫瑰 ……… 113
秋麗 ……… 102
白霜 ……… 106
白牡丹 ……… 97
新玉綴 ……… 107
柳葉蓮華 ……… 111
白霜（Sedum spathulifolium） ……… 106
景天屬 ……… 104
擬石蓮花×景天屬 ……… 111
千里光屬 ……… 112
吊燈花屬 ……… 113
長生草屬 ……… 113

タ

大唐米 ……… 107
寶草 ……… 113
姬星美人 ……… 107
姬星美人 紫霧 ……… 108
達摩秋麗 ……… 104
月兎耳 ……… 99
月之王子 ……… 105
月美人 ……… 114
垂盆草 ……… 107
筒葉菊 ……… 101
黛比 ……… 103
特葉玉蝶 ……… 98
龍血 ……… 108
三色葉 ……… 108

ナ

虹之玉 ……… 109

ハ

粉撲（霜之朝） ……… 114
十二卷屬 ……… 113
厚葉草屬 ……… 114
厚葉草×擬石蓮花屬 ……… 114
白銀之舞 ……… 100
花月夜 ……… 98
黃金細葉萬年草 ……… 109
春萌 ……… 108
Beer Hop ……… 107
薄雪萬年草 ……… 109
火祭 ……… 101
姬花月 ……… 101
綠之鈴錦 ……… 112
愛之蔓錦 ……… 113
斑葉圓葉景天 ……… 109
群雀 ……… 114
福兔耳 ……… 99
不死鳥 ……… 100
Blue Burrito ……… 112
相府蓮 ……… 110
姬朧月 ……… 102
紅稚兒 ……… 101
花蔓草 ……… 96
銀之鈴 ……… 104
馬齒莧屬 ……… 114
White Stonecrop ……… 111

マ

墨西哥福桂樹 ……… 104
松之綠 ……… 110
圓葉青大和 ……… 98
圓葉景天 ……… 110
大薄雪 ……… 111
銘月 ……… 110
松葉佛甲草 ……… 111
女雛 ……… 98

ヤ

蔓花月 ……… 113
夕映 ……… 96

ラ

小美人 ……… 103
小酒窩錦 ……… 102
黃花新月 ……… 99
綠焰 ……… 112

ワ

若綠 ……… 102

〔參考文獻〕

《ジュエリープランツのおしゃれ寄せ植え》（井上まゆ美・講談社）
《サボテン・多肉植物ポケット事典》（平尾 博、児玉永吉・NHK出版）
《カンタンＤＩＹで作れる！多肉植物でプチ！寄せ植え》（主婦の友社）〔中文版:《超可愛的多肉×雜貨·32種田園復古風DIY組合盆栽》（噴泉文化）〕
《プチ多肉の寄せ植えアイデア帳》（平野純子・講談社）

Afterword

栽培多肉植物不需要天天澆水，
就能夠長得健康又茁壯。
種在小巧可愛的手作容器裡，
更是令人愛不釋手，
打造一個專屬於自己的心靈小綠洲。
冒出小小新芽時，
讓人看了心裡倍感溫馨，十分療癒。

平野純子 Junko Hirano

國家圖書館出版品預行編目(CIP)資料

超可愛の多肉x雜貨：33種田園復古風DIY組合盆栽/平野純子作；林麗秀譯. -- 初版. -- 新北市：噴泉文化館出版：悅智文化事業有限公司發行, 2023.10
面； 公分. -- (自然綠生活；33)
譯自：リメイク&リユースでかわいく作る多肉植物の寄せ植え
ISBN 978-626-97800-0-6(平裝)

1.CST: 多肉植物 2.CST: 栽培 3.CST: 盆栽

435.48 112015165

| 自然綠生活 | 33

增訂版—超可愛の多肉×雜貨
33種田園復古風DIY組合盆栽

作　　　者／平野純子
譯　　　者／張鐸・林麗秀
發　行　人／詹慶和
執 行 編 輯／詹凱雲
編　　　輯／劉蕙寧・黃璟安・陳姿伶
執 行 美 編／陳麗娜
美 術 編 輯／周盈汝・韓欣恬
出　版　者／噴泉文化館
發　行　者／悅智文化事業有限公司
郵政劃撥帳號／19452608
戶　　　名／悅智文化事業有限公司
地　　　址／新北市板橋區板新路206號3樓
電 子 信 箱／elegant.books@msa.hinet.net
電　　　話／(02)8952-4078
傳　　　真／(02)8952-4084

2023年10月初版一刷　定價 480 元

リメイク&リユースでかわいく作る多肉植物の寄せ植え

Originally published in Japan by Shufunotomo Co., Ltd.
Translation rights arranged with Shufunotomo Co., Ltd.
Through Keio Cultural Enterprise Co., Ltd.

經銷／易可數位行銷股份有限公司
地址／新北市新店區寶橋路235巷6弄3號5樓
電話／(02)8911-0825
傳真／(02)8911-0801

★本書是2019年出版的《超可愛的多肉×雜貨・32種田園復古風DIY組合盆栽》書籍，新增文章內容與多肉植物圖鑑，進行增修改版，重新編輯出版。

STAFF
裝幀 本文設計／矢作裕佳（sola design）
攝影／弘兼奈津子 柴田和宣（主婦の友社）
圖片協力／澤泉美智子
採訪協力／（株）河野自然園
插圖／岩下紗季子
企畫 編集／澤泉美智子（澤泉ブレインズオフィス）
編輯台／松本享子（主婦の友社）